中等职业教育土木工程大类规划教材

工程制图及 CAD

主 编 张世军 王井春

中国铁道出版社有限公司

2 0 2 4 年·北 京

内 容 简 介

本书内容包括基础模块、专业模块和 AutoCAD2013 基础模块三大部分,基础模块有制图基本知识、投影的基本知识、立体的投影、轴测投影等;专业模块有钢筋混凝土结构图、铁路线路工程图、铁路桥梁工程图、铁路涵洞工程图、铁路隧道工程图;AutoCAD2013 基础模块有关于 AutoCAD2013 概述、二维图形的绘制、编辑图形、图块、文字的输入和尺寸标注、图形输出等内容。

为了巩固学生对教材内容的掌握,本书配套有《工程制图与 CAD 习题集》,以加强实践性教学环节。

本书可作为中等职业学校铁道工程、道路与桥梁、市政工程、房屋建筑工程、水利水电工程等土木工程类相关专业选用教材,同时也可作为生产一线工程技术人员的参考用书。

图书在版编目(CIP)数据

工程制图及 CAD/张世军,王井春主编 . —北京:
中国铁道出版社,2018.8(2024.12 重印)
中等职业教育土木工程大类规划教材
ISBN 978-7-113-22882-8

Ⅰ. ①工… Ⅱ. ①张… ②王… Ⅲ. ①工程制图-
AutoCAD 软件-中等专业学校-教材 Ⅳ. ①TB237

中国版本图书馆 CIP 数据核字(2017)第 039618 号

书　　名:**工程制图及 CAD**
作　　者:张世军　王井春

责任编辑:李丽娟　　　编辑部电话:(010)51873240　　电子邮箱:992462528@qq.com
封面设计:王镜夷
责任校对:王　杰
责任印制:高春晓

出版发行:中国铁道出版社有限公司(100054,北京市西城区右安门西街 8 号)
网　　址:https://www.tdpress.com
印　　刷:三河市国英印务有限公司
版　　次:2018 年 8 月第 1 版　2024 年 12 月第 5 次印刷
开　　本:787 mm×1 092 mm　1/16　印张:13.25　插页:2　字数:326 千
书　　号:ISBN 978-7-113-22882-8
定　　价:43.00 元

前　言

　　"工程制图与 CAD"是中等职业学校铁道工程、道路与桥梁、市政工程、房屋建筑工程、水利水电工程等土木工程类相关专业的一门重要基础课程。编写时充分考虑了现代中等职业教育的教学特点，以基本概念为基础，强化实践应用为重点，使学生能够获得职业技术所需的最基本、最适用的理论知识，再重点培养学生专业实践的使用能力和应变能力。本书内容包括基础模块、专业模块和 AutoCAD 2013 基础模块三大部分，基础模块有绪论、制图基本知识、投影的基本知识、立体的投影、轴测投影等；专业模块有钢筋混凝土结构图、铁路线路工程图、铁路桥梁工程图、铁路涵洞工程图、铁路隧道工程图；AutoCAD 2013 基础模块有 AutoCAD 2013 概述、二维图形的绘制、编辑图形、图块、文字的输入和尺寸标注、图形输出等内容。

　　本书本着"必需、够用"为原则，在形式上力求新颖多变，紧扣目前中等职业学校学生的特点，特别安排了知识目标、能力目标、课外知识拓展、新课导入、课后思考题等栏目，使全书层次分明、内容精练、通俗易懂、生动活泼、图样规范，便于学生学习和教师组织教学。

　　为了巩固学生对教材内容的掌握，本书配套有《工程制图与 CAD 习题集》，以加强实践性教学环节。

　　本书铁道工程专业模块的插图大部分都来自于工程现场的实际图纸，以便使教材内容与工程实际紧密相连，方便学生今后的就业与工作。

　　本书由合肥铁路工程学校张世军和黑龙江交通职业技术学院王井春主编。编写分工如下：张世军（绪论、单元2、单元4），合肥铁路工程学校胡继红（单元6、单元8、单元9），王井春（单元7），黑龙江交通职业技术学院杨琪（单元3），武汉铁路桥梁职业学院廉亚峰（单元1、单元5），合肥铁路工程学校张媛媛（单元10），山西铁路工程学校李耀峰（单元11）。本书在编写过程中参考了部分书籍，在此向有关编著者表示衷心的感谢。

　　由于时间仓促与编者水平有限，书中疏漏和差错在所难免，恳请使用本书的广大读者和有关同仁批评指正。

编　者
2018 年 3 月

目　录

绪　论

《中长期铁路网规划》简介

铁路作为国民经济的大动脉,为我国国民经济发展做出了巨大贡献,越来越受到我国政府的高度重视。

2016年7月国务院批准了《中长期铁路网规划》,以交通大动脉建设支撑经济社会升级发展。为满足快速增长的客运需求,优化拓展区域发展空间,在"四纵四横"高速铁路的基础上,增加客流支撑、标准适宜、发展需要的高速铁路,部分利用时速200 km铁路,形成以"八纵八横"主通道为骨架、区域连接线衔接、城际铁路补充的高速铁路网,实现省会城市高速铁路通达、区际之间高效便捷相连。

0.1　工程图样在生产中的作用

在现代化社会生产中,各行各业都离不开图样。一项铁路工程或一个机械零部件,其形状、大小、结构很难用文字表达清楚,而图样则能很好地完成这一使命。设计人员用图样来表达设计意图,制造部门依据图样来进行生产施工。因此图样常被喻为工程界的"语言",从事铁路建设的技术人员也毫不例外地必须掌握这种"语言",通过正确地绘制和透彻地阅读图样来指导铁路工程建设。

0.2　本课程的任务及要求

任何一门现代科学或专业技术都有其自身的基础,本课程主要介绍图样的基本知识、投影作图、工程图样的常用表达方法以及部分铁路工程专业制图内容,是为本专业学生学习后续课程提供工程图学的基本概念、基本理论、基本方法和基本技能的一门专业技术基础课程,也是工程技术人员必不可少的专业技术基础。同时加强学生职业意识和职业道德教育,使学生形成严谨、细致、耐心、敬业的工作作风,为以后解决工作中的实际问题打下基础。

通过本课程的学习,学生应牢固掌握投影的基本概念和基本理论,熟练掌握识图和作图的基本方法和基本技能;通过制图标准的学习和贯彻,培养学生能严格按标准识图和绘制工程图样;通过由物到图、由图到物的思维锻炼,努力提高学生的工程图示能力和空间构形、图解空间几何问题的空间思维能力,进而达到较熟练地识图和绘制简单工程图样的目的。

通过本课程的学习,培养学生具有一定的社会责任感,并树立精心设计、安全操作、节能环保等意识。

0.3　本课程的特点及学习方法

本课程内容丰富、逻辑严密、表达严谨、紧贴实际、实用性强,在学习过程中应有针对性地进行学习。

1. 勤动手

在课堂上认真听讲,课后要按时完成作业,识图基础内容的学习要落实在"画"上,专业识图内容的学习要落实在"识"上。通过按时完成作业,才能有条不紊的掌握"画"和"识"等方面的基本知识点。

2. 多思维

本课程的逻辑严密,学习过程中要不断地温故知新,多加联想,解题时每一识图和作图过程都应有理论或方法作依据,不能盲目解题;学习过程中,要逐步进行由物到图、由图到物的思维锻炼;课后作业时,每完成一道作业题后,应稍微改变已知条件再进行思考怎样求解。

3. 按标准

图样是工程技术语言,是重要的技术文件。学习时要严格遵守制图标准或有关规定,要有负责任的态度。在自我严格要求中,才能培养自己认真细致的工作作风。

4. 不松懈

本课程内容由易到难,步步深入,具有良好的系统性。只要掌握了学习方法,勤奋学习,就能克服学习中的困难,就能取得好的学习效果,从而达到课程要求,为今后的学习和工作打下坚实的工程识图基础。

单元1 制图基本知识

【知识目标】

1. 认识常用绘图工具和用品；

2. 熟悉国家制图标准的基本规定；

3. 了解平面几何图形的作图方法。

【能力目标】

1. 会使用常用绘图工具与用品；

2. 掌握国家基本制图标准中图纸幅面、图框、标题栏、图线、字体、比例及尺寸注法等的规定；

3. 会用正确的作图方法绘制平面几何图形。

【课外知识拓展】

武广高速铁路简介

2009年12月26日上午9时,D1001次高速动车组从新落成的武汉火车站启动,沿新建成的武广高铁开往广州北。武广高速铁路纵跨湖北、湖南、广东三省,运营里程1069 km,运营时速350 km。试运行中,最高时速达到了394 km,全程最短运行时间为3 h,而波音737飞机的起飞时速为320 km,波音747飞机的起飞时速为280 km,因而武广高速动车组被誉为"拿掉翅膀的飞机"。

符合国家标准的工程图纸是工程施工的依据。在武广高速铁路的建设过程中,建设者们绘制了大量的设计图纸,仅武广高速铁路新武汉站的设计图纸就可装满一卡车。

【新课导入】

　　上图为铁路圆端形桥墩。圆端形桥墩的施工依据是桥墩设计图。早期,设计人员用专门的绘图工具和用品在图板上绘制设计图,现在,直接用计算机绘图软件绘制设计图。为了使图样符合技术交流和设计、施工、存档的要求,我国制订了国家基本制图标准,该标准对图样的格式和表达方法等作了统一规定。设计人员绘制的设计图在图纸幅面、图框、标题栏、图线、字体、比例及尺寸注法等方面均需符合国家和行业标准的规定。符合国家基本制图标准和行业标准的圆端形桥墩设计图见图1-6。本单元摘要介绍国家制图标准的基本规定,简要介绍制图工具与用品的正确使用方法,以及平面几何图形的作图方法。

1.1　制图工具与用品

·学习目标·

　　会使用常用的制图工具与用品,如图板、丁字尺、三角板、圆规、分规、曲线板、绘图铅笔、擦图片以及图纸等。

1.1.1　制图工具

1. 图　板

图板是用来铺放和固定图纸的,其工作表面必须平坦、光洁,左、右导边必须光滑、平直,如图1-1所示。

2. 丁字尺

丁字尺由尺头和尺身两部分垂直相交构成,尺身的上边缘为工作边,要求光滑、平直。丁字尺主要用来画水平线,如图1-1所示。

3. 三角板

一副三角板包括45°、45°和30°、60°各一块,如图1-1所示。丁字尺与三角板配合可画竖直

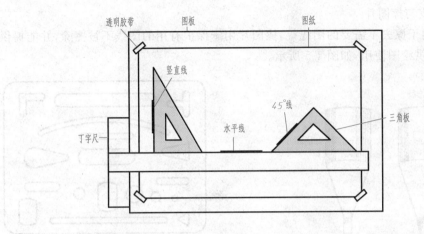

图 1-1　图板、丁字尺、三角板

线,还可画与水平线成 15°倍数角的各种倾斜线。

4. 圆规与分规

圆规主要用来画圆和圆弧;分规主要用来量取线段和等分线段,如图 1-2 所示。

5. 曲线板

曲线板是用来画非圆曲线的工具,常用的曲线板如图 1-3 所示。

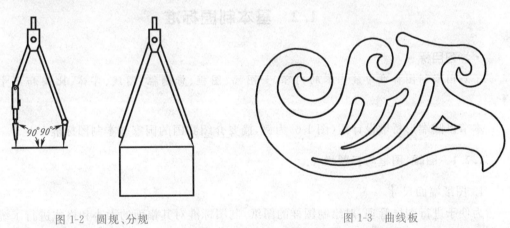

　　　　图 1-2　圆规、分规　　　　　　　　　　　　　图 1-3　曲线板

1.1.2　制图用品

1. 图　纸

图纸分绘图纸和描图纸(半透明)两种,绘图纸要求纸面洁白,质地坚硬,用橡皮擦拭不易起毛,画墨线时不洇透,图纸幅面应符合国家标准。

2. 绘图铅笔

绘图铅笔的铅芯有软硬之分,B 前的数字愈大表示铅芯越软;H 前的数字愈大表示铅芯越硬;HB 表示软硬适中。HB 铅笔的铅芯可在砂纸上磨成圆锥形,用来画底稿、加深细线和写字;B 铅笔的铅芯可磨成四棱锥或四棱柱形状,用来描粗线,如图 1-4 所示。也可选用符合线宽标准的自动铅笔绘图。

3. 绘图橡皮与擦图片

绘图橡皮用于擦去不需要的图线等,擦图片用于保护有用的图线不被擦除,并能提供一些常用图形符号,供绘图使用,如图 1-5 所示。

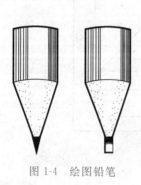

图 1-4　绘图铅笔

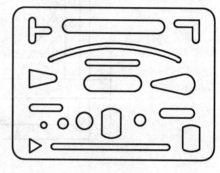

图 1-5　擦图片

· 巩固提高 ·

做课后思考题 1,在稿纸上绘制一些简单的线条和图形,掌握常用制图工具与用品的性能和使用方法,为后续课程做准备。

1.2　基本制图标准

· 学习目标 ·

了解国家制图标准中最基本的内容,如图幅、图框、标题栏、图线、字体、比例和尺寸标注等。

本节以圆端形桥墩设计图(图 1-6)为例,摘要介绍我国的国家基本制图标准。

1.2.1　图幅、图框与标题栏

1. 图纸幅面尺寸

为便于进行图样管理,对绘制图样的图纸,制图标准对其幅面的大小和格式进行了统一的规定,具体尺寸见表 1-1。

表 1-1　图纸幅面及图框尺寸(mm)

幅面代号 尺寸代号	A0	A1	A2	A3	A4
$b \times l$	841×1 189	594×841	420×594	297×420	210×297
c	10			5	
a	25				

当表 1-1 中的图幅不能满足使用要求时,可将图纸的长边加长后使用。加长后的尺寸应符合制图标准的规定。制图时,A0～A3 图纸宜横式使用,必要时也可立式使用。A4 图纸只能立式使用,如图 1-7 所示。

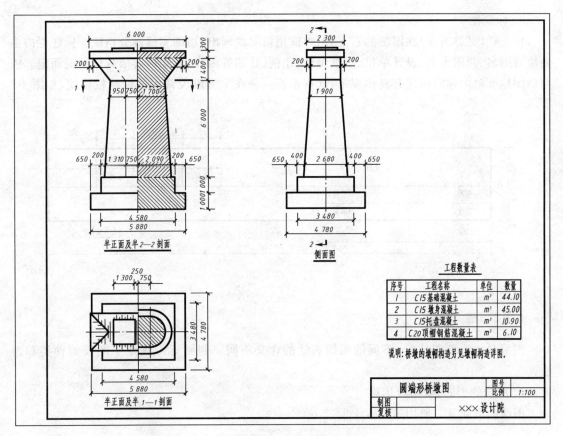

图 1-6　圆端形桥墩设计图

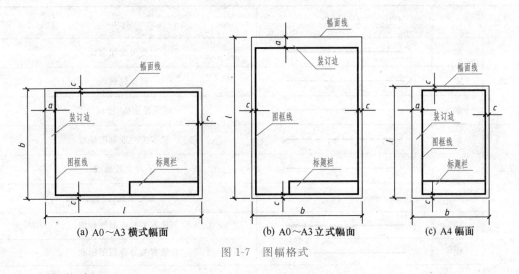

图 1-7　图幅格式

2. 图框格式

图框是图样的边界。在图纸上必须用粗实线画出图框。大小和格式见图 1-7 和表 1-1。

圆端形桥墩设计图（图 1-6）采用了 A3 横式幅面，图框线距图幅的左边距为 25 mm，上、下、右边距均为 5 mm（图 1-6 为示意图）。

3. 标题栏

标题栏(又称图标)在图纸的右下方,外框用粗实线画出,用细实线画分格线。标题栏内主要填写图名、制图人名、设计单位、图纸编号、比例、日期等内容,详细内容依具体情况而定。铁路制图标准对图标的格式有具体规定,这里推荐一种在学习阶段常用的标题栏格式,如图 1-8 所示。

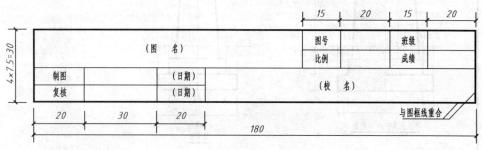

图 1-8　标题栏格式(单位:mm)

1.2.2　图　线

图形是由图线组成的,不同的图线表达的含义不同。制图标准规定了图线的种类和画法。

1. 图线的形式、规格及用途

图线的形式及一般用途见表 1-2。

表 1-2　图线的形式及一般用途

名　称		线　型	一　般　用　途
实线	粗		主要可见轮廓线
	中		可见轮廓线
	细		可见轮廓线、图例线等
虚线	粗		见有关专业制图标准
	中		不可见轮廓线
	细		不可见轮廓线、图例线等
单点画线	粗		见有关专业制图标准
	中		见有关专业制图标准
	细		中心线、对称线等
双点画线	粗		见有关专业制图标准
	中		见有关专业制图标准
	细		假想轮廓线、成型前原始轮廓线

续上表

名　　称	线　　型	一 般 用 途
折断线		断开界限
波浪线		断开界限

图线的宽度主要有粗(b)、中($0.5b$)、细($0.35b$)三种宽度,具体线宽应符合制图标准规定的线宽系列,即 0.18 mm、0.25 mm、0.35 mm、0.5 mm、0.7 mm、1.0 mm、1.4 mm、2.0 mm。

2. 图线的画法及注意事项

图线的其他常见画法和注意事项应符合表 1-3 的要求。

表 1-3　图线画法

注 意 事 项		画 　 法
粗实线	粗实线要宽度均匀,光滑平直	
虚　线	虚线间隔要小,线段长度要均匀; 虚线宽度要均匀,不能出现尖端; 虚线为实线的延长线时,应留有空隙	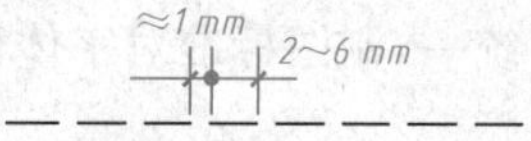 ≈1 mm　2~6 mm
点画线	点画线的点要小,间隔要小,应在图形范围内; 点画线的端部不得为"点"	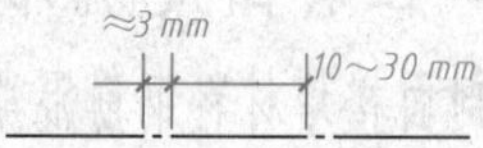 ≈3 mm　10~30 mm
	点画线应超出图形轮廓线 3~5 mm; 图形很小时,点画线可用实线代替	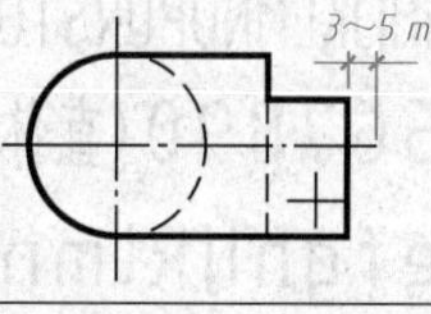 3~5 mm
	图线的结合部要美观	
	图线应线段相交,不应交于间隙或点画线的"点"处	
	两线相切时,切点处应是单根图线的宽度	
	两平行线间的空隙不小于粗线的宽度,同时不小于 0.7 mm	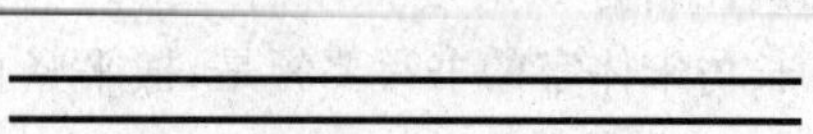

3. 图线应用示例

圆端形桥墩设计图中的粗实线表示可见轮廓线,中虚线表示不可见轮廓线或材料分界线,细点画线表示对称线,细双点画线表示假想轮廓线。

图 1-9 为按图线的规定画出的水池正面图。

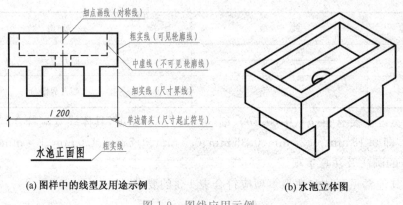

图 1-9　图线应用示例

(a) 图样中的线型及用途示例　　　　(b) 水池立体图

1.2.3　字　　体

图样上除了绘制物体的图形外,还要用文字填写标题栏、技术要求,用数字标注尺寸等等。为了易读、统一,制图标准对字体做了具体规定,如图 1-10 所示。

土木工程制图建筑结构基础设计测量审核(7号字,字高7mm)

平立侧剖面楼墙材料钢筋混凝土道桥隧城市规划水电暖气设备(5号字,字高5mm)

ABCDEFGHIJKLMNOPQRSTUVWXYZ

1234567890(直体)

abcdefghijklmnopqrstuvwxyz

1234567890(斜体)

图 1-10　文字的书写方法

书写字体要做到:笔画清晰、字体端正、排列整齐、标点符号清楚正确;字体高度(h)应符合制图标准规定的系列值:2.5 mm、3.5 mm、5 mm、7 mm、10 mm、14 mm、20 mm,若需书写更大的字,字体高度应按$\sqrt{2}$的比值递增。字号由字体的高度值来命名,如字高为 5 mm 的字,称为 5 号字。

1. 汉　字

图样上的汉字应写成长仿宋体字,并应采用国家正式公布的简化字。汉字的宽度与高度的比例控制为 2∶3。

长仿宋体字的书写要领是:横平竖直、起落分明、结构匀称、写满方格。

2. 字母与数字

图样上可采用拉丁字母、阿拉伯数字和罗马数字书写。

字母和数字分为 A 型和 B 型。A 型字体的笔画宽度为字高的 1/14,B 型字体的笔画宽度为字高的 1/10,一般采用 B 型字体。同一图样应选用同一种形式的字体。

字母与数字可写成斜体或直体。斜体字字头向右倾斜,与水平基准线成 75°夹角。

在设计图中,标题栏中的图名和单位名一般应用 7 号字书写,其他汉字一般用 5 号字(或

3.5号字)书写。数字的字号一般为3.5号字。

1.2.4　比　　例

制图标准对图幅的大小和规格作了统一规定,大多数时候图样不能按物体的实际尺寸绘制,需要按一定的比例缩小或放大图样。

1. 比例的概念

图样的比例指图形与实物相对应的线性尺寸的比值,即比例=图尺寸/实物尺寸,则图尺寸=实物尺寸×比例,如图1-11所示足球场平面图,比例为1:500,足球场实际长度为25 000 mm,实际宽度为15 000 mm,则图示长度为25 000×1/500＝50 mm,图示宽度为15 000×1/500＝30 mm。

图 1-11　比例及比例的标注(单位:mm)

比例应注写在标题栏内,但当图样比例不同时,则在每一图样下方注写图名和比例,如图1-11所示。标注尺寸时要书写实际尺寸数字。

2. 绘图常用比例

制图标准对绘图比例的选用作了统一规定,见表1-4。

表 1-4　绘图常用比例

原值比例	1:1				
放大比例	2:1	5:1	$1 \times 10^n : 1$	$2 \times 10^n : 1$	$5 \times 10^n : 1$
	(2.5:1)	(4:1)	$(2.5 \times 10^n : 1)$	$(4 \times 10^n : 1)$	
缩小比例	1:2	1:5	$1:1 \times 10^n$	$1:2 \times 10^n$	$1:5 \times 10^n$
	$(1:1.5 \times 10^n)$	$(1:2.5 \times 10^n)$	$(1:3 \times 10^n)$	$(1:4 \times 10^n)$	$(1:6 \times 10^n)$

绘图时尽量采用原值比例。放大或缩小比例优先选用不带括号的比例。

3. 比例应用示例

圆端形桥墩设计图的绘图比例是1:100。

1.2.5　尺寸标注

在图样上,图形只表示物体的形状。物体的大小及各部分相互位置关系,则需要用尺寸来确定。制图标准规定了图样中尺寸的注法。

1. 尺寸的组成

一个标注完整的尺寸应由尺寸界线、尺寸线、尺寸起止符号和尺寸数字四部分组成,简称尺寸标注四要素,如图1-12所示。

(1)尺寸界线。由所标注图线的两端点处引出,用来指明所注尺寸的范围,用细实线绘制。

（2）尺寸线。用来表示所注尺寸的方向，在两尺寸界线间绘制，尺寸线应与所注图线平行，与尺寸界线垂直，用细实线绘制。

（3）尺寸起止符号。用中粗短斜线绘制，其倾斜方向应与尺寸界线成顺时针 45°角，长度为 2～3 mm。直径、半径、角度、弧长的尺寸起止符号应用箭头。

（4）尺寸数字。用来表示物体的实际尺寸，单位为 mm 时，常省略单位名称。尺寸数字一般标注在尺寸线的上方或中断处。

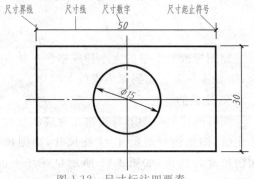

图 1-12　尺寸标注四要素

2. 常用尺寸的注法

常用尺寸的注法见表 1-5 和表 1-6。

表 1-5　尺寸的基本注法（一）

内　容	说　明	正 确 注 法
尺寸界线	1. 尺寸界线的一端离开图样轮廓线不小于 2 mm，另一端超出尺寸线 2～3 mm； 2. 可以用轮廓线或点画线的延长线作为尺寸界线	
尺寸线	1. 尺寸线与所注长度平行； 2. 尺寸线不得超出尺寸界线； 3. 尺寸线必须单独画，不得与任何图线重合	
尺寸起止符号	1. 中粗斜短线的倾斜方向与尺寸界线成顺时针 45°，长度 2～3 mm； 2. 箭头画法如图所示	
尺寸数字的读数方向	1. 尺寸数字应站在尺寸线上方（或中断处），并与尺寸线的垂直线方向一致；尺寸线竖直时，尺寸数字的字头向左； 2. 当尺寸线与竖直线顺时针夹角 α<30°时，宜按图示方向标注	
尺寸数字的注写位置	1. 尺寸数字按读数方向注写在靠近尺寸线的上方中部； 2. 尺寸界线间放不下尺寸数字时，最外边的尺寸数字可放在尺寸界线的外侧，中部可错开注写，也可引出注写； 3 任何图线遇到尺寸数字时都应断开	
尺寸排列	1. 尺寸线到轮廓线的距离≥10 mm，各尺寸线的间距为 7～10 mm，并保持一致； 2. 相互平行的尺寸，应小尺寸在里，大尺寸在外	

表 1-6 尺寸的基本注法(二)

内 容	说 明	正 确 注 法
线性尺寸	单个线性尺寸:尺寸标注四要素齐全; 多个线性尺寸:常见标注类型有连续型、对称型、基线型	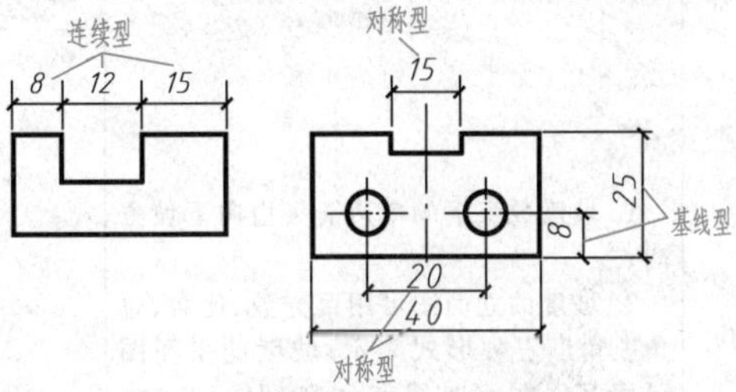
圆	1. 圆应标注直径,并在尺寸数字前加注“ϕ”; 2. 一般情况下尺寸线应通过圆心,两端画箭头指至圆弧; 3. 圆的标注也可采用图示的线性标注方法; 4. 当圆较小时可将箭头和数字之一或全部移出圆外(箭头大小不变)	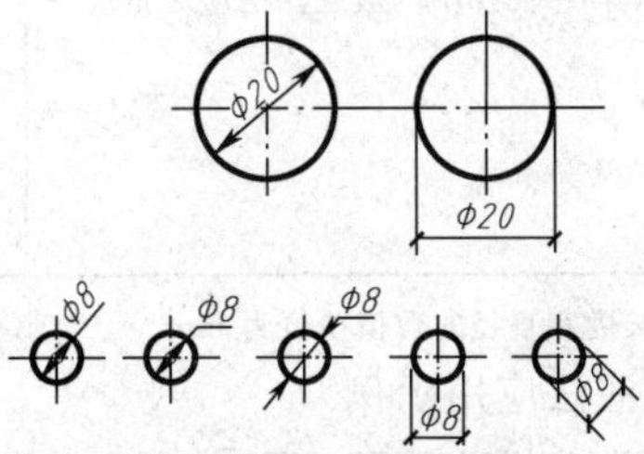
圆 弧	1. 圆弧应注半径,并在尺寸数字前加注“R”; 2. 尺寸线从圆心画至圆弧,指向圆弧一端画箭头; 3. 圆弧较小时,可将箭头和数字之一或全部移出圆弧外; 4. 圆弧较大时,可采用图示两种标法	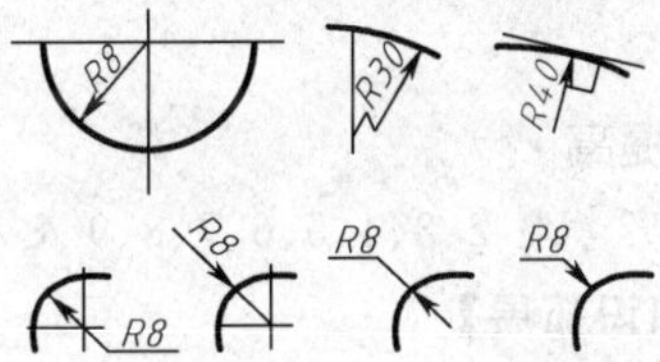
角 度	1. 尺寸界线沿径向引出; 2. 尺寸线画成圆弧,圆心是角的顶点; 3. 起止符号位置不够时可用圆点代替; 4. 尺寸数字一律水平书写	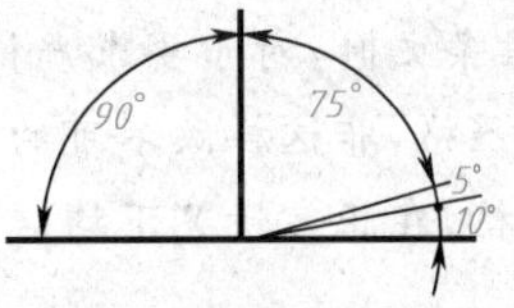
弧 长	1. 尺寸界线垂直于该圆弧的弦; 2. 尺寸线用与该圆弧同径的圆弧线表示; 3. 尺寸数字上方加注圆弧符号	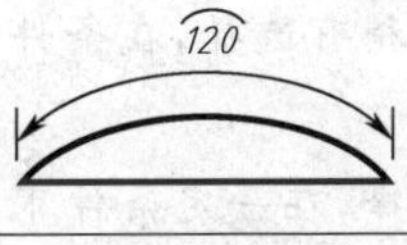
弦 长	1. 尺寸界线垂直于该弦; 2. 尺寸线平行于该弦	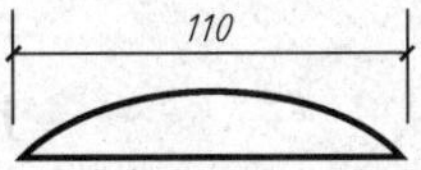
标 高	1. 标高符号用细实线绘制,具体画法如图(a)所示; 2. 标高数值以米为单位,一般注至小数点后三位数(总平面图为二位数),正数标高不注“+”,负数标高表示该面低于零点标高; 3. 常见的标高符号及注写应用如图(b)、(c)、(d)、(e)所示	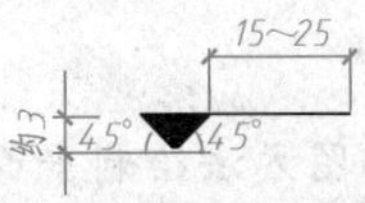 (a) 标高符号的画法 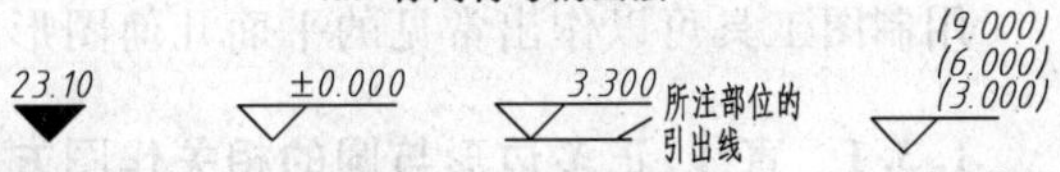 (b)用于总平面图室外标高 (c)用于建筑平面图 (d)用于建筑立面图或剖面图 (e)用于多层标注

续上表

内　容	说　　　明	正　确　注　法
坡　度	1. 坡度数字下的单边箭头指向下坡方向； 2. 坡度的立面图可用百分数、比数、直角三角形三种形式表示，坡度的平面图可用百分数、示坡线表示，如图所示； 3. 同一图样中的坡度注法应尽量统一	 （a）坡度的立面图表示 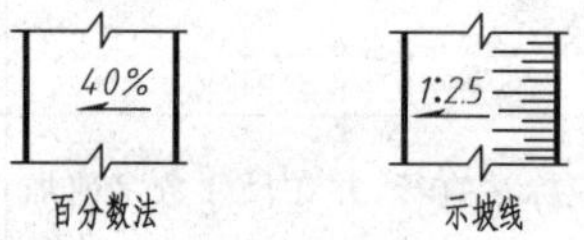 （b）坡度的平面图表示

注：图中表示长度和直径的数值单位为 mm。

3. 尺寸注法应用示例

在圆端形桥墩设计图（图 1-6）中，高度方向的多个线性尺寸"1 000""1 000""6 000""1 400""300"采用了连续型注法，双层基础长度方向的多个线性尺寸"4 580""5 880"采用了基线型注法。

· 巩固提高 ·

做课后思考题 2、3、4、5、6、7、8、9 及习题集 1.2.1、1.2.2、1.2.3、1.2.4。

【课外知识拓展】

《铁路工程制图标准》（TB/T 10058—2015）用词说明

执行该标准条文时，对于要求严格程度的用词说明如下，以便在执行中区别对待。

（1）表示很严格，非这样做不可的用词：正面词采用"必须"；反面词采用"严禁"。

（2）表示严格，在正常情况下均这样做的用词：正面词采用"应"；反面词采用"不应"或"不得"。

（3）表示允许稍有选择，在条件许可时首先应这样做的用词：正面词采用"宜"或"可"；反面词采用"不宜"。

（4）表示有选择，在一定条件下可以这样做的，采用"可"。

1.3　几　何　作　图

· 学习目标 ·

会用正确的作图方法绘制平面几何图形。

用制图工具可以作出常见的平面几何图形。

1.3.1　直线、正多边形与圆的相关作图方法

直线、正多边形与圆的相关作图方法见表 1-7。

表 1-7　直线、正多边形与圆的相关作图方法

内　容		作　图　方　法
直　线	平行线	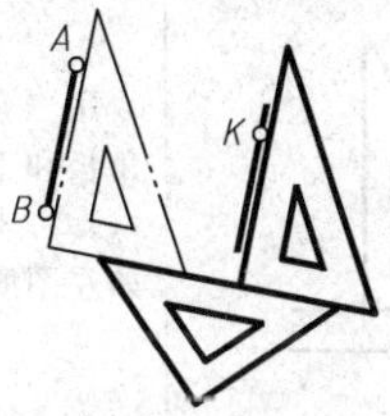 1. 使三角板的一直角边过直线 AB； 2. 移动三角板，使该直角边过点 K，即可作过点 K 且平行于直线 AB 的平行线
	垂直线	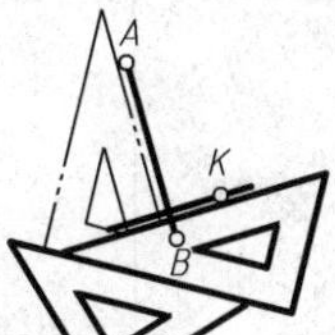 1. 使三角板的斜边过直线 AB； 2. 将三角板翻转 $90°$，使斜边过点 K，即可作过点 K 且垂直于直线 AB 的垂线
	特殊角	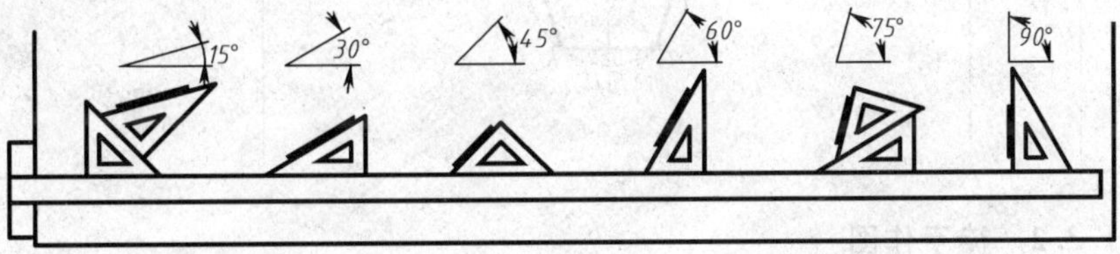
任意等分直线	平行线法	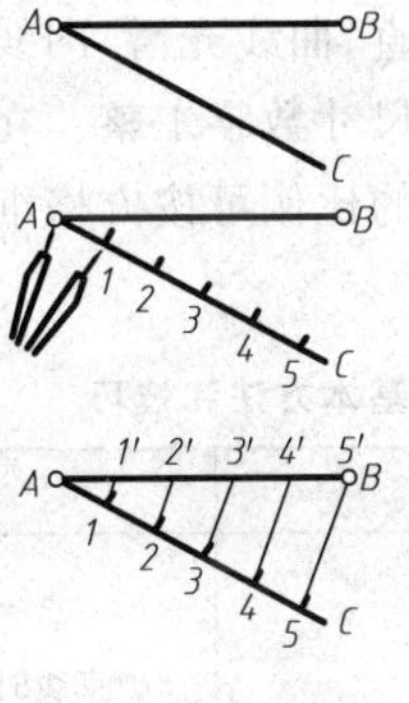 1. 过 A 作直线 AC，与 AB 成任意锐角； 2. 用分规在 AC 上以任意相等长度截得 1、2、3、4、5 各分点； 3. 连接 $5B$，并过 4、3、2、1 各点作 $5B$ 的平行线，在 AB 上即得 $4'$、$3'$、$2'$、$1'$ 各等分点
	分规试分法	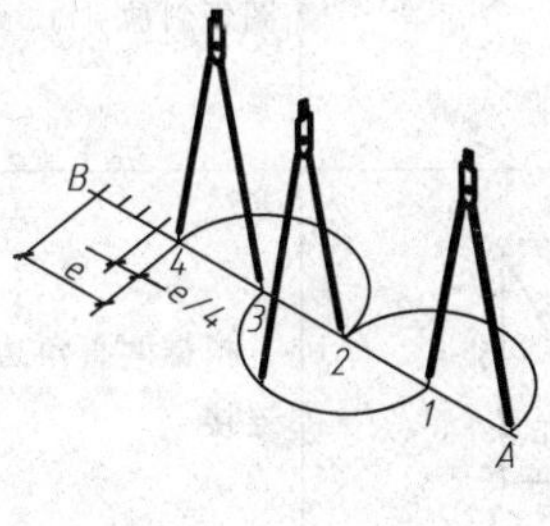 1. 先估计每一等分的长度，用分规截取四等分到达 4 点； 2. 调整分规长度，增加 $e/4$，再重新等分 AB； 3. 按上述方法试分，直到等分为止

内　容	作　图　方　法	
三角板和丁字尺	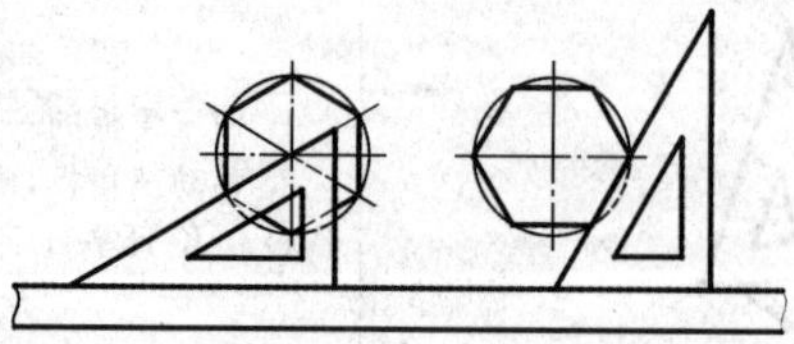	用三角板可以作15°的倍数角,因此用三角板和丁字尺配合可以作圆内接正三、四、六、八、十二边形。圆内接正六边形的作法如左图所示
等分圆周作正多边形　　圆　规	CH为正五边形边长	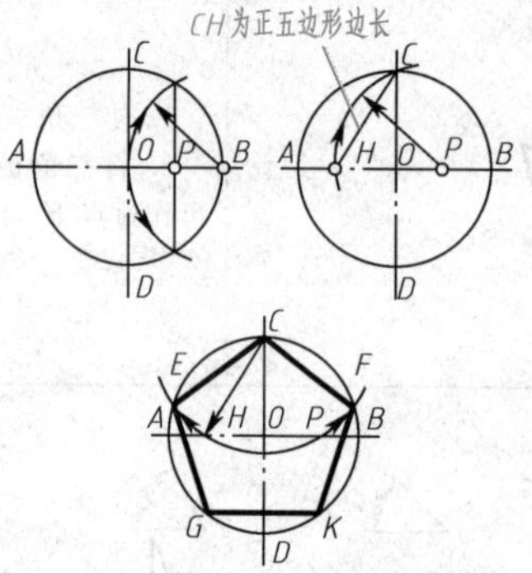 用圆规可以作圆内接正三、五、六、十二边形,圆内接正五边形的作法如左图所示

1.3.2　徒手作图

在实物测绘、工程设计和技术交流过程中,常需要徒手快速作图。徒手作图是工程技术人员必备的一种基本功。画草图时,要做到直线平直、曲线光滑、图线粗细分明,线型符合国家标准的规定。图形要完整、清晰,各部分比例恰当,尺寸数字工整。在方格纸上画草图时,应尽可能利用方格纸上的线条画图线,图形各部分之间的比例可按方格纸上的格数来确定。

徒手作图的基本方法和技巧见表1-8。

表1-8　徒手作图的基本方法和技巧

内　容	作　图　方　法	说　明
画直线	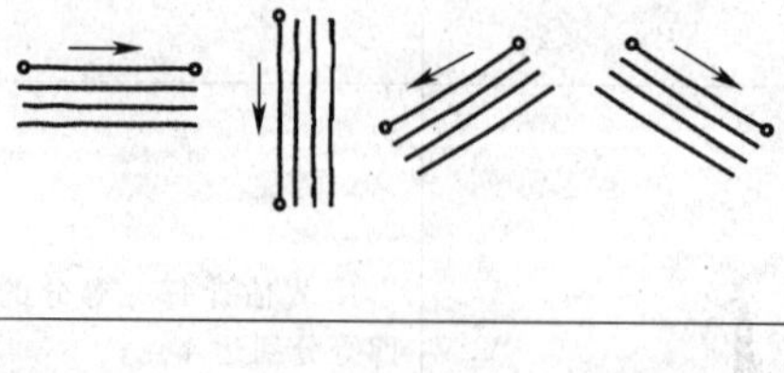	画直线时,可先标出直线的两端点,掌握好方向和走势后再落笔;画水平线和斜线时可将图纸斜放
画各特殊角度斜线	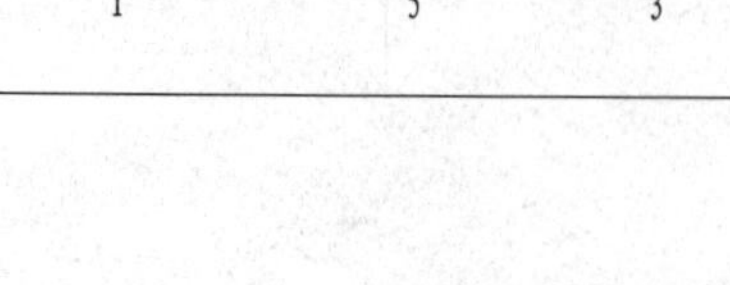	根据两直角边的比例关系,定出端点,然后连接

续上表

内 容	作 图 方 法	说 明
画圆	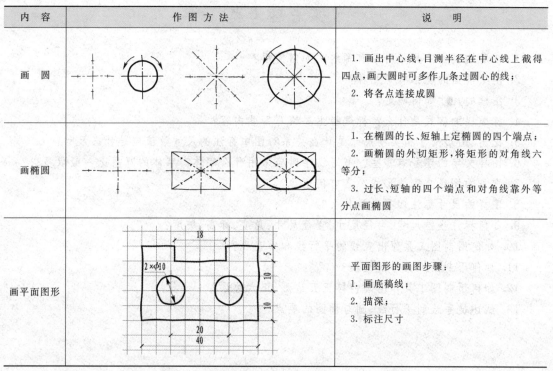	1. 画出中心线,目测半径在中心线上截得四点,画大圆时可多作几条过圆心的线; 2. 将各点连接成圆
画椭圆		1. 在椭圆的长、短轴上定椭圆的四个端点; 2. 画椭圆的外切矩形,将矩形的对角线六等分; 3. 过长、短轴的四个端点和对角线靠外等分点画椭圆
画平面图形		平面图形的画图步骤: 1. 画底稿线; 2. 描深; 3. 标注尺寸

图 1-13(a)为一铁路圆涵,徒手绘制的圆涵草图如图 1-13(b)所示。

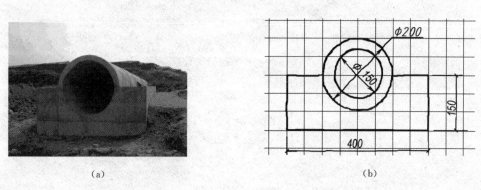

(a)　　　　　　　　　　　　　　(b)

图 1-13　圆涵及其草图

· 巩固提高 ·

做课后思考题 10、11、12、13 及习题集 1.3.1。

 单元小结

本单元摘要介绍我国的国家基本制图标准,包括图纸幅面、图框、标题栏、图线、字体、比例及尺寸注法等内容。简要介绍制图工具和用品的使用方法,以及平面几何图形的作图方法等。

这部分内容是工程制图的基础,会直接影响到后续绘图质量的高低。国家基本制图标准是本单元的重点内容,"国标"是制图过程中的"规章制度",需严格执行。标注尺寸是整个制图过程中的重点和难点,要加强练习。

课后思考题

1. 常用的制图工具与用品有哪些? 如何使用?

2. 图纸幅面的规格有哪几种?

3. 图框的尺寸如何确定?

4. 标题栏的格式是什么? 标题栏主要填写哪些内容?

5. 比例、图形尺寸和实物尺寸是什么关系? 图中标注的尺寸数值应是什么尺寸?

6. 图样文字的字号有哪些? 书写汉字时应采用什么字体? 字体的宽高比一般取多少?

7. 常见的图线有哪些形式? 各有何用途?

8. 图样的尺寸标注四要素是什么?

9. 如何标注线性尺寸、半径尺寸、直径尺寸、角度、标高、坡度?

10. 如何用制图工具作出直线的平行线和垂直线?

11. 如何用制图工具等分线段?

12. 如何用制图工具作出圆内接正五边形、正六边形?

13. 试述徒手绘制平行线、圆与椭圆的要点。

单元2 投影的基本知识

【知识目标】

1. 了解投影的基本概念和分类；

2. 理解正投影的特性及优缺点；

3. 掌握点、线、面的投影特征；

4. 掌握形体三面正投影图的形成；

5. 掌握三面投影图的规律和作图方法。

【能力目标】

1. 能解释正投影的特性及优缺点；

2. 能用制图工具仪器绘制工程常见简单形体的三面正投影图；

3. 能使形体的三面正投影图的尺寸标注符合标准。

【课外知识拓展】

南京大胜关长江大桥简介

南京大胜关长江大桥位于既有南京长江大桥上游 20 km 处,全长 14.789 km,是世界上设计荷载最大的高速铁路桥,为六跨连续钢桁梁拱桥,主跨 2×336 m,连拱为世界同类桥梁最大跨度。桥上按六线布置,分别为京沪高速铁路双线、沪汉蓉铁路双线和南京地铁双线,其中京沪高速铁路设计时速达 380 km,也是当今世界高速铁路建设的最高值。

【新课导入】

为了使工程构筑物表达的清晰、简洁、明了,工程图样通常应用正投影原理绘制,它是工程制图的基本方法和规律。所以,我们必须了解正投影法的投影特性,掌握绘制形体三面正投影图的方法和原理,熟悉国标的相关规定。本单元主要介绍:投影的概念和分类;正投影的特性;三面正投影图的形成及其绘制;形体表面上的点、线、面的投影。

2.1　投影的概念和分类

•学习目标•
了解投影的基本概念;掌握投影法的分类(中心投影法、平行投影法)。

2.1.1　投影的概念

物体在光线的照射下,会在地面或墙面上产生影子。图 2-1(a)是桥台模型在灯光的照射下,在纸面上产生的影子。这种常见的自然现象,人们把它称为投影现象。人们在长期的生产实践中发现,影子在一定条件下能反映物体的形状和大小,并且当光线照射的角度、距离等条件改变时,影子的位置、形状也随之改变。也就是说,光线、物体和影子三者之间,存在着紧密的关联,这就使人们想到利用投影图来表达物体。但是,影子往往是灰暗一片的,而工程上需要能准确明晰地表达物体各部分的真实形状和大小,所以,人们利用投影现象作图时,首先假定了物体表面除轮廓线、棱线外,其他均为透明无影的,如图 2-1(b)所示。

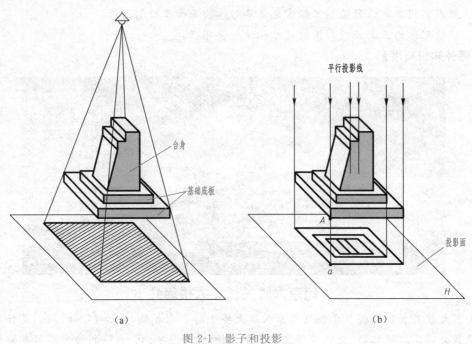

(a)　　　　　　　　　　　　　　　　(b)

图 2-1　影子和投影

2.1.2　投影的分类

在平面(纸张)上绘出形体的投影,用以表示其形状和大小的方法称之为投影法。投影法一般分为中心投影法和平行投影法两大类。

1. 中心投影法

投影线自投影中心一点引出,对形体进行投影的方法称为中心投影法,如图 2-2 所示。

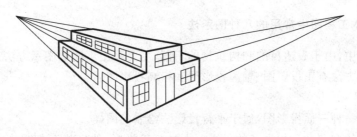

图 2-2　中心投影法

　　用中心投影法得到的投影图,存在变形严重、度量性差、作图复杂等缺点,一般的土木工程施工图样很少采用,但由于这种投影图的图样接近视觉映像,直观性很强,多用于绘制工程构筑物的透视图,如图 2-3 所示。

图 2-3　隧道横通道与透视图

2. 平行投影法

　　如图 2-4 所示,利用互相平行的投影线对形体进行投影的方法称为平行投影法。若投影线与投影面倾斜,则称为斜投影法,图 2-4(a)所示;若投影线与投影面垂直,则称为正投影法,图 2-4(b)所示。

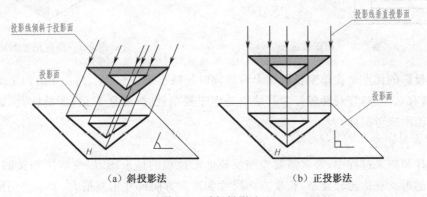

（a）斜投影法　　　　　　　　（b）正投影法

图 2-4　平行投影法

　　大多数的工程图都是采用正投影法来绘制的。正投影法是本课程学习掌握的主要对象,以后,图样凡未特别说明,都属于正投影图。

2.1.3　土木工程图中常用的几种图示法

土木工程图中,由于表达目的和构筑物的不同,需要采用不同的图示方法。

常用的图示方法有正投影图、轴测投影图和标高投影图。

1. 正投影图

正投影图是一种三面投影图,属于平行投影法绘制的图样。

把一空间形体在三个互相垂直的投影面上进行正投影,然后将互相垂直的三个投影面按规定方式展开在一个平面上,从而可得到形体的三面正投影图,由这三个正投影便能完全确定该形体的空间位置和形状,图 2-5 为桥台的三面正投影图。

正投影图的优点是度量性好、作图较简便。采用正投影法绘制时,常将形体的多数平面摆放成与相应投影面平行的位置,这样得到的投影图能反映出这些平面的实形,因此,在工程上被广泛地应用于施工图样。但其存在直观性较差,无立体感的缺点。

2. 轴测投影图

轴测投影图是单面投影图,也属于平行投影法绘制的图样。它是把形体按平行投影法中的斜投影法投影至单个投影面上所得到的图样,如图 2-6 为桥台的正等测轴测图。

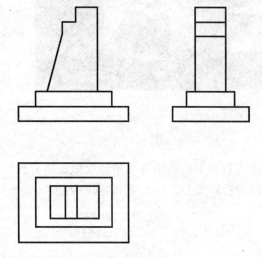

图 2-5　桥台的三面正投影图

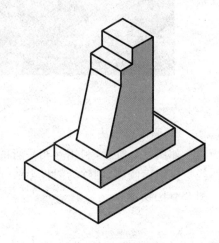

图 2-6　桥台正等测轴测图

轴测投影的优点是在单个投影图上可以同时反映出形体长、宽、高三个方向上的尺度及形状,所以富有立体感,直观性较好。其缺点是作图复杂耗时,变形严重,度量性差,通常只能作工程上的辅助参考图样。

3. 标高投影图

在设计和施工过程中,常常需要绘制反映地形地貌的地形图,以便解决相关的工程问题。由于地面的形状往往比较复杂,长度方向尺寸和高度方向尺寸相差很大,如果仍用前面学习的三面正投影法表示,作图困难,且不易表达清楚。

标高投影图是一种带有高程数字标记的单面正投影图,常用来表达不规则曲面如地形面(即不规则的自然地面)。假想用一系列水平面截割某一山峰(图 2-7),用一系列标有高程数字的截交线(即等高线)来表示地面的起伏,就形成标高投影图。它具有正投影的特性。

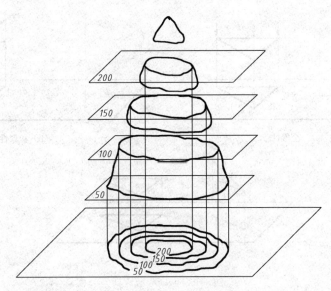

图 2-7 某山峰的标高投影

用这种标高投影法表达地形面所画出的图称为地形图,在线路工程上被广泛采用。

· 巩固提高 ·

复习投影的基本概念和分类,了解铁路工程中常见的几种图示方法。

2.2 正投影图的形成与规律

· 学习目标 ·

掌握正投影的基本特征(全等性、积聚性、类似性)以及三面投影图的产生和规律。

正投影图是我们学习掌握的重点,本节首先介绍正投影的投影特性,即正投影的基本性质。

2.2.1 全 等 性

当线段或平面图形平行于投影面时,其投影反映实长或实形,这一点又称显实性,这一特性使得正投影图度量性好,如图 2-8(a)所示。

2.2.2 积 聚 性

当直线段或平面图形垂直于投影面时,其投影便积聚为一点或一直线,且直线段上的点或平面图形上的点、线、面也积聚在其投影的这一点或一直线上,这一特性使得正投影图作图简便。如图 2-8(b)所示,点 K 在直线段 AB 上,点 K 的投影 k 必与直线 AB 的积聚投影 $a(b)$ 重合在一个点上;同样,点 D 在平面 ABC 上,点 D 的投影 d 必与平面 ABC 的积聚投影——直线 $a(b)c$ 重合。

2.2.3 类 似 性

当直线段或平面图形倾斜于投影面时,其投影短于实长或变形于实形,仅与空间形状类似,如图 2-8(c)所示。

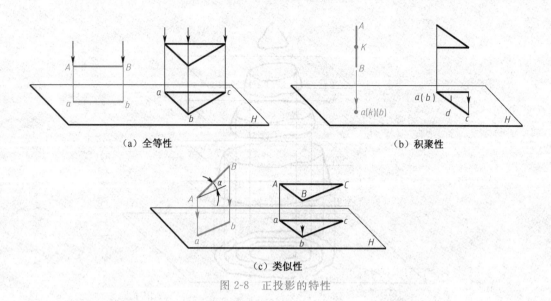

（a）全等性　　　　　　　　　　　　　　（b）积聚性

（c）类似性

图 2-8　正投影的特性

2.2.4　三投影面体系的建立及其名称

几个空间形状各异的形体，在同一投影面上的投影却可以是相同的，如图 2-9 所示，这说明，根据形体的一个投影，往往不能准确地表示形体的空间形状。因此，我们一般把形体放在三个互相垂直的投影面所组成的三面投影体系中进行投影，如图 2-10 所示。只有在这样一个投影体系中，才能比较充分地表达出形体的空间形状以及长、宽、高三个方向的尺寸大小。在三面投影体系中，水平放置的投影面称为水平投影面，用字母"H"表示，简称为 H 面；正对观察者的投影面称为正立投影面，用字母"V"表示，简称为 V 面；观察者右侧的投影面称为侧立投影面，用字母"W"表示，简称为 W 面。三个投影面两两相交构成的三条投影轴称为 OX、OY 和 OZ 轴，三投影轴的交点 O 称为原点。三个投影面的展开关系如图 2-11 所示。

2.2.5　三面正投影图的形成

将形体置于三面投影体系中，使形体的主要面分别平行于三个投影面，用三组分别垂直于三个投影面的光线对形体进行投影，就得到该形体在三个投影面上的投影，如图 2-10 所示。

（1）由上向下投影，在 H 面上得到形体的 H 面投影图；

（2）由前向后投影，在 V 面上得到形体的 V 面

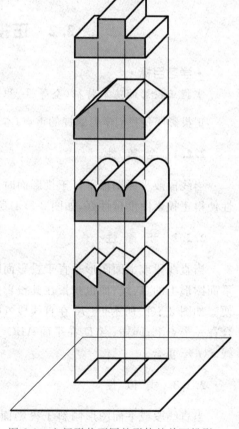

图 2-9　空间形状不同的形体的单面投影

投影图；

(3)由左向右投影，在 W 面上得到形体的 W 面投影图。

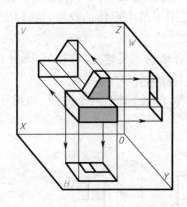

图 2-10　形体的三面投影图的形成

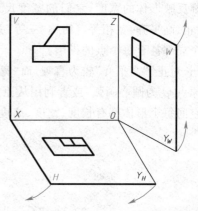

图 2-11　形体三面投影图的展开

H、V、W 三个投影图就是形体的三面投影图。根据形体的三面投影图，就可以确定该形体的空间位置、形状。

三面投影体系是在三维立体空间建立的，为了使三个投影图能画在一张图纸上，还必须把三个投影面展开，使之平铺在同一平面上。制图标准规定：V 面不动，H 面绕 OX 轴向下旋转 90°，W 面绕 OZ 轴向右旋转 90°，使它们转至与 V 面同在一个平面上，如图 2-11 所示，这样就能够得到画在同一平面上的三面投影图。展开后 Y 轴出现两次，一次是随 H 面转至下方，与 Z 轴同在一铅垂线上，标作 Y_H；另一次随 W 面转至右方，与 X 轴在同一水平线上，标作 Y_W。平铺后的三面投影图如图 2-12 所示。

由于投影图与投影面的大小无关，为了简化作图，在三面投影图中不画投影面的边框，投影图之间的距离可根据需要确定，三条轴线亦可省去(图 2-13)。根据三个投影面的相对位置及展开的规定，三面投影图的位置关系是：以立面图为准，平面图在立面图正下方，左侧面图在立面图的正右方。这种配置关系不能随意改变，如图 2-13 所示。

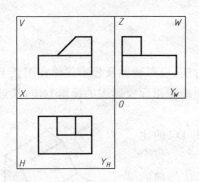

图 2-12　展开平铺后的三面投影图

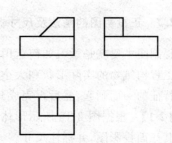

图 2-13　展开后三面投影图的简化画法

2.2.6　三面投影图的投影作图规律

三面投影图是从形体的三个方向投影得到的。投影图展开后，形体的水平投影和正面投

影沿 X 轴方向都反映形体的长度,它们的位置左右应该对正;形体的正面投影和侧面投影沿 Z 轴方向都反映形体的高度,它们的位置上下应该对齐;形体的水平投影和侧面投影沿 Y 轴方向都反映形体的宽度,它们的宽度尺寸应该相等,这就是三面投影图的作图基本规律——"长对正、高平齐、宽相等"(简称"三等"关系)。它不仅适用于整个形体的投影,也适用于形体的每个局部甚至每个点的投影。

"长对正""高平齐"较为直观,而"宽相等"对于初学者来说不易建立,作图时,形体的宽度常以原点 O 为圆心画弧,或者利用从原点 O 引出的 $45°$ 斜线来保证"宽相等"。

空间每个形体都有长度、宽度、高度三个尺寸和左右、前后、上下六个方位,如图 2-14 所示。

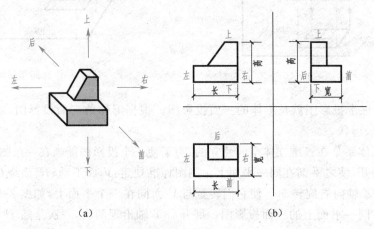

(a)　　　　　　　　　　(b)

图 2-14　形体的三个尺寸和六个方位

每个投影能反映其中两个尺寸、四个方位关系:

H 面反映形体的长度和宽度,同时也反映左右(X 轴)、前后位置(Y 轴);

V 面反映形体的长度和高度,同时也反映左右(X 轴)、上下位置(Z 轴);

W 面反映形体的高度和宽度,同时也反映上下(Z 轴)、前后位置(Y 轴)。

熟练掌握空间形体的方位关系和"三等"关系,对工程图样的绘制及识读极为重要,是我们学习工程识图的重点方法和关键技能之一。

2.2.7　正投影图的画法及尺寸标注

工程制图主要就是学习如何运用投影原理、投影方法、投影特性及投影规律在图纸上表达出土木工程构筑物的实际形状和大小。画图之前,应先确定正面投影图的投影方向,从最能反映形体特征的一面画起,然后再完成其余两面投影。

【例 2-1】　根据图 2-15 所示形体的立体直观图,用 1:1 的比例绘制其三面投影图,并标注尺寸。

分析:正面投影方向为直观图中箭头所指方向,形体的前后两面平行于 V 投影面,较能代表其与众不同的特征形状。

作图:

(1)先画 V 面投影。V 面投影离 X、Z 两轴应留下能标注 2~3 道尺寸的间距,如图 2-16(a)所示。

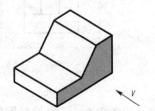

图 2-15　形体的立体直观图

（2）保证"长对正"，再画 H 面投影。H 面投影离 X 轴也应留下能标注 2～3 道尺寸的间距，如图 2-16(b)所示。

（3）再根据 V、H 面投影，保证"高平齐""宽相等"绘制 W 面投影，如图 2-16(c)所示。

（4）擦净作图辅助线，检查、整理、加深图线，标注尺寸，如图 2-16(d)所示。

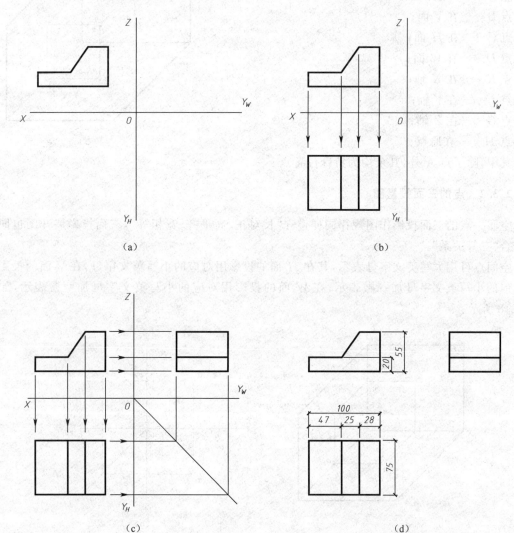

图 2-16　画三面投影图的方法和步骤

· 巩固提高 ·

做课后思考题 1、2 及习题集 2.2.1、2.2.2、2.2.3、2.2.4。

2.3　点 的 投 影

· 学习目标 ·

掌握点的三面投影及其规律，掌握点的坐标和空间两点的相对位置及重影点。

2.3.1　点的空间位置

点在三面投影体系中有 8 种位置,如图 2-17 所示。

点 A——一般位置;

点 B——在 V 面;

点 C——在 H 面;

点 D——在 W 面;

点 E——在 X 轴;

点 F——在 Y 轴;

点 G——在 Z 轴;

点 H——在原点。

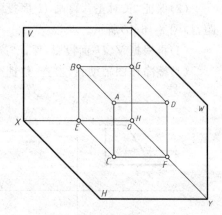

图 2-17　点的空间位置

其中,除了点 A 外,其余均为特殊位置点。

2.3.2　点的三面投影图

空间一点的三面投影作图规律同样遵守"长对正、高平齐、宽相等",三面投影展开图也同样符合"三等关系"。

空间点可用大写英文字母表示,其在 H 面的投影用对应的小写英文字母,在 V 面的投影用对应的小写英文字母加一撇表示,在 W 面的投影用对应的小写英文字母加两撇表示,如图 2-18 所示。

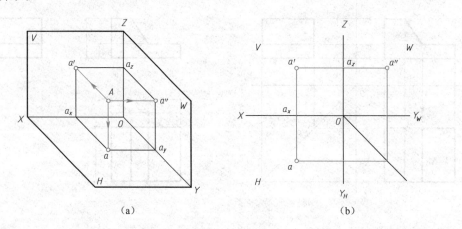

(a)　　　　　　　　　　　　　　　　　(b)

图 2-18　点的空间位置及其三面投影图

2.3.3　两点的相对位置

两个以上的点在空间有左右、前后、上下六个方位的相对位置,如图 2-19(a)所示。

当两个点到一个投影面的距离相同时,只需要判断这两点在四个方位的相对位置,如图 2-19(b)所示。

当两个点到两个投影面的距离相同时,仅需要判断这两个点在两个方位的相对位置,此时该两点叫"重影点",即它们有一面的投影完全重合了。该面投影要进行可见性判断,将不可见点加括号表示,如图 2-19(c)所示。

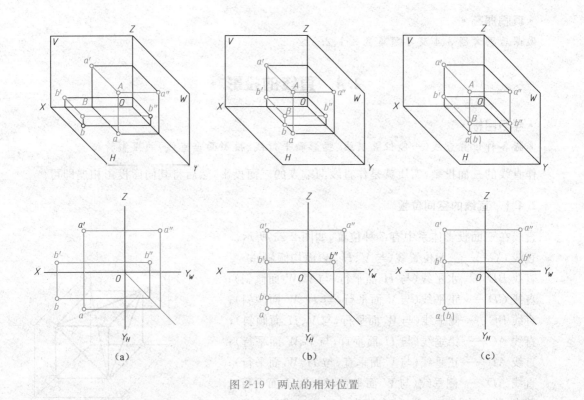

图 2-19　两点的相对位置

2.3.4　体表面点的投影

【例 2-2】　根据形体的立体直观图及两面投影［图 2-20(a)］，完成形体的第三面投影和 A、B 两点的第三面投影，并在立体图上标注出 A、B 两点。

作图：先根据已知的形体直观图和两面投影以及形体三面投影规律，画出形体的 W 面投影，如图 2-20(b)所示。又因为已知点 A、B 的 V、H 两投影，根据点的投影同样符合"三等关系"，即高平齐、宽相等后，完成其 W 投影，如图 2-20(b)所示。

再根据 a、a'、a'' 和 b、b'、b'' 反映出的 A、B 两点的相对位置，在立体直观图上确定出空间点 A、B 的位置，如图 2-20(c)所示。

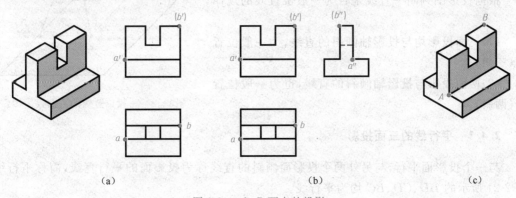

图 2-20　A、B 两点的投影

做课后思考题 3、4 及习题集 2.3.1、2.3.2。

2.4　直线的投影

掌握各种位置直线(一般位置直线、投影面平行线、投影面垂直线)的投影特征。

作直线的三面投影,实质就是作直线两端点的三面投影,然后将其同面投影相连即可。

2.4.1　直线的空间位置

直线在三面投影体系中有 7 种位置,如图 2-21 所示。

直线 CG——一般位置线(与 V、H、W 面均倾斜);

直线 BD——水平线(与 H 面平行,与 V、W 面倾斜);

直线 CD——正平线(与 V 面平行,与 H、W 面倾斜);

直线 BC——侧平线(与 W 面平行,与 V、H 面倾斜);

直线 AC——铅垂线(与 H 面垂直,与 V、W 面平行);

直线 AB——正垂线(与 V 面垂直,与 H、W 面平行);

直线 AD——侧垂线(与 W 面垂直,与 V、H 面平行)。

其中,除了直线 CG 外,其余均为特殊位置线。

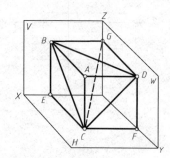

图 2-21　直线的空间位置

2.4.2　一般位置线的三面投影

与三个投影面均倾斜的直线称为一般位置线。一般位置线的投影特征为:

(1)三面投影均为比空间实长短的直线;

(2)三面投影均与投影轴倾斜;

(3)三面投影无一反映直线实长及直线与 H、V、W 三个投影面的夹角 α、β、γ,如图 2-22 所示。

根据投影图判断一直线是否为一般位置线的规律为:

(1)三面投影均与投影轴倾斜的直线,为一般位置线(三斜);

(2)两面投影与投影轴倾斜的直线,也为一般位置线(两斜)。

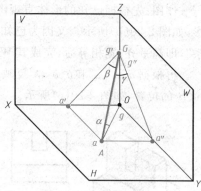

图 2-22　一般位置线的三面投影图

2.4.3　平行线的三面投影

与一个投影面平行,与另外两个投影面倾斜的直线称为投影面的平行直线,简称平行线,图 2-21 所示的 BD、CD、BC 均为平行线。

平行线的投影特征为:

（1）直线在其所平行的投影面上的投影为与相应轴倾斜的直线，反映实长，并反映空间直线与另外两投影面的夹角；

（2）直线的另两面投影为与相应两轴平行的直线，且比空间实长要短。

图 2-23 表示了水平线 *BD*、正平线 *CD*、侧平线 *BC* 的三面投影。

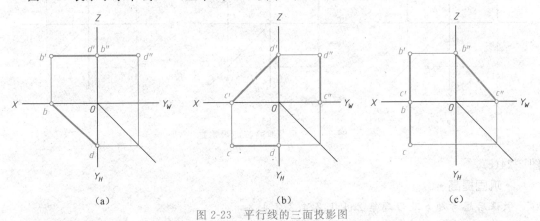

图 2-23　平行线的三面投影图

根据投影图判断一直线是否为投影面平行线的规律为：

（1）一面投影为与投影轴倾斜的直线，另两面投影均为与相应投影轴平行的直线时，该线为平行线（一斜二平）；

（2）一面投影为与投影轴倾斜的直线，另一面投影为与投影轴平行的直线时，该线也为平行线（一斜一平）；

（3）直线是与斜线所在投影面平行的平行线。

如图 2-23（a）所示，*bd* 倾斜于投影轴，而 *b′d′* 及 *b″d″* 平行与投影轴，因此 *BD* 为水平线；同理，如图 2-23（b）所示，*c′d′* 倾斜于投影轴，所以 *CD* 为正平线；*b″c″* 倾斜于投影轴，所以 *BC* 为侧平线，如图 2-23（c）所示。

2.4.4　垂直线的三面投影

与一个投影面垂直，与另外两个投影面平行的直线称为投影面的垂直直线，简称垂直线，如图 2-21 所示的 *AC*、*AB*、*AD* 均为垂直线。

垂直线的投影特征为（图 2-24）：

（1）一面投影积聚为一点，该点到相应两轴的距离反映空间直线到另外两投影面的距离；

（2）另外两面投影均与相应投影轴垂直，且反映实长。

根据投影图判断一直线是否为垂直线的规律为：

（1）一面投影积聚为一点，另两面投影均为与相应投影轴垂直的直线时，该线为垂直线（一点二直）；

（2）一面投影积聚为一点，另一面投影为与相应投影轴垂直的直线时，该线也为垂直线（一点一直）；

（3）直线应为积聚点所在投影面的垂直线。

如图 2-24（a）所示，积聚点 *a*(*c*) 处于 *H* 面，因此 *AC* 为铅垂线；如图 2-24（b）所示，积聚点 *a′*(*b′*) 处于 *V* 面，所以 *AB* 为正垂线；同理，积聚点 *a″*(*d″*) 处于 *W* 面，所以 *AD* 为侧垂线，如

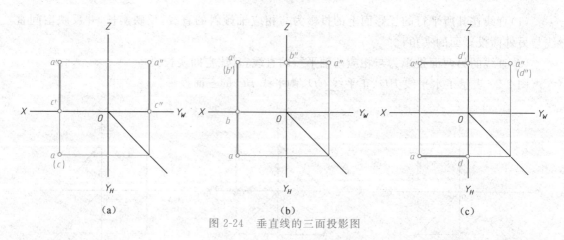

图 2-24　垂直线的三面投影图

（a）　　　　　　　　　　（b）　　　　　　　　　　（c）

图 2-24(c)。

• 巩固提高 •

做课后思考题 5 及习题集 2.4.1、2.4.2、2.4.3。

2.5　平面的投影

• 学习目标 •

掌握各种位置平面（一般位置平面、投影面平行面、投影面垂直面）的投影特征。

工程制图通常是用一个平面几何多边形代表一个平面。因此，作一个平面的三面投影其实质就是作几何多边形各端点的三面投影，即连接各点的同面投影即可。

2.5.1　平面的空间位置

平面在三投影体系中有 7 种位置，如图 2-25 所示。

平面 A——一般位置面（与 V、H、W 面均倾斜）；

平面 B——铅垂面（与 H 面垂直，与 V、W 面倾斜）；

平面 C——正垂面（与 V 面垂直，与 H、W 面倾斜）；

平面 D——侧垂面（与 W 面垂直，与 V、H 面倾斜）；

平面 E——水平面（与 H 面平行，与 V、W 面垂直）；

平面 F——正平面（与 V 面平行，与 H、W 面垂直）；

平面 G——侧平面（与 W 面平行，与 V、H 面垂直）。

其中，除了平面 A 外，其余均为特殊位置面。

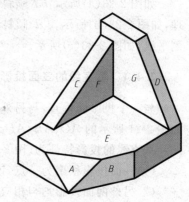

图 2-25　平面的空间位置

2.5.2　一般面的三面投影

与三个投影面均倾斜的平面称为一般面，如图 2-25 所示的 A 面。

一般面的投影特征为（图 2-26）：

（1）三面投影均为空间实形的类似形状；

（2）无一投影反映空间实形及平面与 H、V、W 三投影面的夹角 α、β、γ。

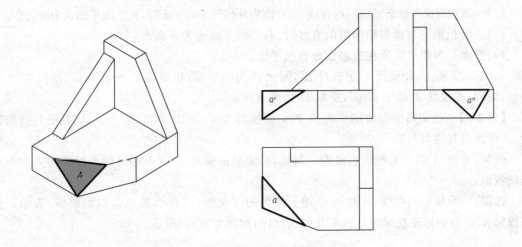

图 2-26　一般面的三面投影图

根据投影图判断一平面是否为一般面的规律为：三面投影均为类似几何图形。

2.5.3　垂直面的三面投影

与一个投影面垂直，与另外两个投影面倾斜的平面称为垂直面，如图 2-25 所示的 B、C、D 面。

垂直面的投影特征（图 2-27）为：

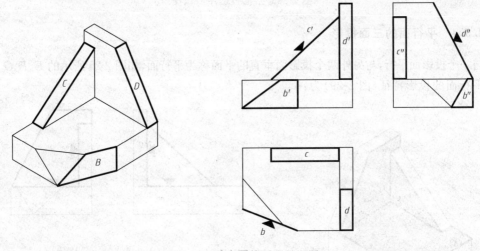

图 2-27　垂直面的三面投影图

（1）一面积聚成与相应两投影轴倾斜的直线，该斜线与投影轴的夹角反映平面空间与两个投影面的倾角；

（2）另外两面是与空间实形类似的几何图形。

根据投影图判断一平面是否为垂直面的规律为：

（1）一面积聚成与投影轴倾斜的直线，另两面为类似几何图形的平面时，其空间平面为垂直面；

（2）一面积聚成与投影轴倾斜的直线，另一面为几何图形的平面时，其空间平面也为垂直面；

（3）一面积聚成与投影轴倾斜的直线时，其空间平面也为垂直面；

（4）平面是与积聚线所在投影面垂直的平面。

如图 2-27 所示，积聚线 b 处于 H 面，因此 B 为铅垂面；积聚线 c′处于 V 面，所以 C 为正垂面；同理，积聚线 d″处于 W 面，所以 D 为侧垂面。

【例 2-3】　已知形体表面的平面 A 的正面投影为 a′，如图 2-28(b)所示，试判断其空间位置，并标注出其另两投影。

分析：平面 A 的正面投影积聚为一斜线，因此是正垂面，其对应的另两个投影均为八边形几何线框。

作图：V 面积聚成直线，一般用 a′加上涂黑的三角形（三角形顶点指向积聚线）表示。另两投影 a、a″分别标注在对应八边形几何线框内，如图 2-28(c)所示。

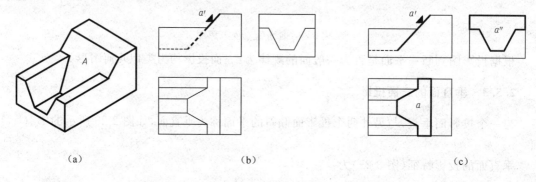

（a）　　　　　　　　（b）　　　　　　　　（c）

图 2-28　平面投影图的识读

2.5.4　平行面的三面投影

与一个投影面平行，与另外两个投影面垂直的平面称为平行面，如图 2-25 所示的 E、F、G 面。

平行面的投影特征（图 2-29）为：

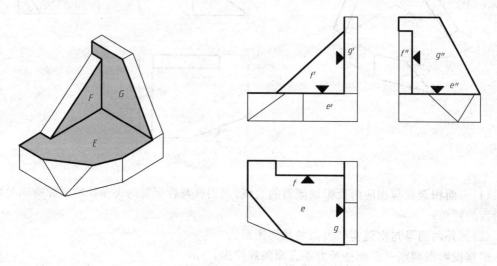

图 2-29　平行面的三面投影图

（1）一面是与空间实形全等的几何图形；

（2）另外两面积聚成与相应两投影轴平行的直线，直线与相应投影轴的距离反映了该平面到它所平行的投影面的距离。

根据投影图判断一平面是否为平行面的规律为：

（1）一面为几何图形，另两面积聚为与投影轴平行的直线时，该平面的空间位置为平行面；

（2）一面为几何图形，另一面积聚为与一投影轴平行的直线时，该平面的空间位置也为平行面；

（3）两面投影积聚成与两个投影轴平行的直线时，该平面的空间位置也为平行面；

（4）平面是与几何图形线框所在投影面平行的平面。

如图 2-29 所示，几何图形 e 处于 H 面，因此 E 为水平面；几何图形 f' 处于 V 面，所以 F 为正平面；同理，几何图形 g'' 处于 W 面，所以 G 为侧平面。

• 巩固提高 •

做课后思考题 6 及习题集 2.5.1、2.5.2、2.5.3。

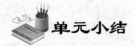 单元小结

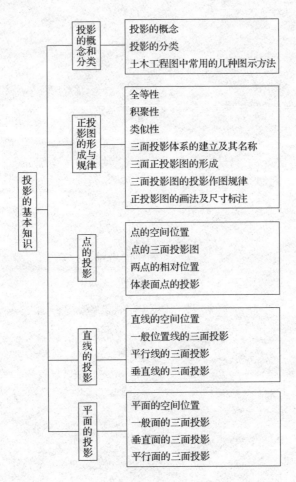

课后思考题

1. 正投影有哪些特性？
2. 投影面展开后，三个投影之间有什么关系？
3. 点的三个投影如何标注？
4. 根据投影图如何判别点的可见性？
5. 平行线的三面投影有什么特征？
6. 各种位置的平面其投影有什么特征？

单元3 立体的投影

【知识目标】

1. 了解平面体的投影特征,会分析平面体表面上点、直线和平面的投影;
2. 了解常见曲面体投影,会分析曲面体表面上点和直线的投影;
3. 了解组合体的组合形式和形体表面的交线形式。

【能力目标】

1. 通过平面体、曲面体的投影分析,能正确绘制体表面点和线的第三面投影;
2. 能正确补画简单形体的第三面投影图;
3. 能运用正确的识图方法识读一般形体的投影图。

【课外知识拓展】

北京南站简介

  从空中鸟瞰北京南站,独特的外形留给人们很大的想象空间。有人说,它像外星人的飞碟,从天而降,蓄势待飞。实际上,北京南站的独特造型是有着深厚的文化渊源的,北京南站是以天坛的鸟瞰效果为基本形状的,如果将北京南站纵向拉伸开来,便会还原成天坛祈年殿的形状,这种设计灵感融入了古典建筑"三重檐"的传统文化元素,寓意和谐吉祥、天人合一,既时尚现代又厚重典雅,因而北京南站成为了首都北京的新地标。

【新课导入】

  我们在前面已经学过了点、线、面的投影以及它们之间的关系。现在我们把点、线、面有机组合起来,就构成了立体。本单元主要介绍平面体和曲面体的投影特征,分析平面体和曲面体体表面上的点、直线和平面的投影。介绍组合体的组合形式和体表面的交线形式,并重点分析组合体的读图方法。

3.1　平面体的投影

•学习目标•

掌握棱柱、棱锥和棱台的投影以及其表面上的点和线的投影；掌握平面体的投影特征和其投影图的尺寸标注。

由平面围成的立体称平面体。作平面体的投影，就是作出体的各平面形投影。因此分析组成立体表面的各平面形对投影面的相对位置和投影特性，对正确作图是很重要的。常见的平面体有棱柱、棱锥和棱台等。

3.1.1　棱　　柱

图 3-1(a)表示一水平放置的三棱柱及其在三投影面上的投影。图 3-1(b)是它的三面投影图。

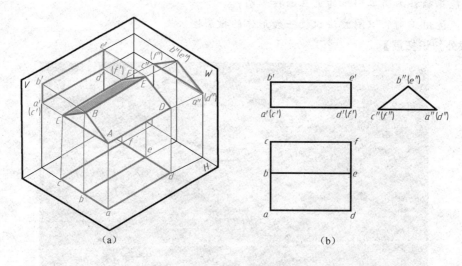

图 3-1　三棱柱的投影

三棱柱的下棱面 *ADFC* 是水平面，所以其水平投影 *adfc* 反映实形，其正面投影和侧面投影分别积聚成一条水平线。

三棱柱的前后两棱面四边形 *ADEB* 和 *CFEB* 是侧垂面，所以它们的水平投影 *adeb* 和 *cfeb* 仍是矩形，它们的正面投影 *a'd'e'b'* 和 *c'f'e'b'* 相重合，它们的侧面投影分别积聚成倾斜的直线段。

三棱柱两底面△*ABC* 和△*DEF* 为侧平面，所以它们的侧面投影反映实形，另外两投影分别积聚成直线段。

3.1.2　棱　　锥

图 3-2(a)表示一个三棱锥及其在三投影面上的投影，图 3-2(b)是它的三面投影图。

三棱锥的底面平行于 *H* 面，所以它的水平投影 *abc* 反映实形，其他两投影有积聚性，均成为水平线段；后面的棱面△*SAC* 为侧垂面，所以侧面投影 *s"a"c"* 积聚成一段倾斜的线段，正面投影和水平投影具有类似性都是三角形；左、右两个棱面都是一般位置平面，所以它们的 3 个投影都是三角形，它们的侧面投影 $s''a''b''$ 与 $s''b''c''$ 彼此重合。

注意：要正确画出各点的相对位置，如 S 点和 A 点，它们的水平投影与侧面投影在 y 方向上的相对坐标应该相等，如图 3-2(b) 所示。

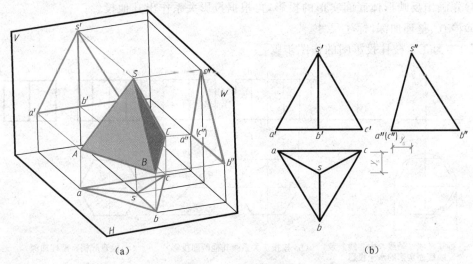

(a)　　　　　　　　　(b)

图 3-2　三棱锥的投影

3.1.3　棱　　台

棱台是棱锥被平行于其底面的平面截切而形成的。

图 3-3(a) 表示一个四棱台及其在三投影面上的投影，图 3-3(b) 是它的三面投影图。

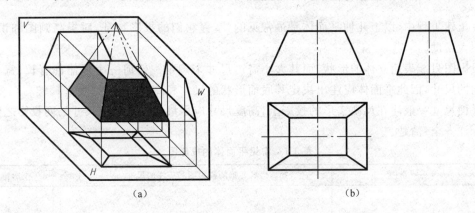

(a)　　　　　　　　　(b)

图 3-3　四棱台的投影

四棱台的上、下底面是水平面，前、后两个棱面是侧垂面，左、右两个棱面是正垂面。它的四条侧棱为一般位置直线。根据线、面的投影特点，读者可自己分析出它们各自的三面投影。

3.1.4　平面体投影图的画法

画平面体的投影，就是画出构成平面体的侧面（平面）、侧棱（直线）、角点（点）的投影。

画平面体投影图的一般步骤如下：

(1)研究平面体的几何特征,确定正面投影方向,通常将体的表面尽量平行投影面;

(2)分析该体三面投影的特点;

(3)布图(定位),画出中心线或基准线;

(4)先画出反映形体底面实形的投影,再根据投影关系作出其他投影;

(5)检查、整理加深,标注尺寸。

图 3-4 为正六棱柱投影图的作图步骤。

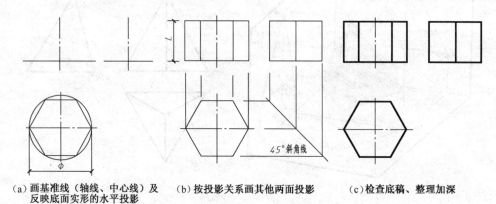

(a)画基准线（轴线、中心线）及　　　(b)按投影关系画其他两面投影　　　(c)检查底稿、整理加深
　　反映底面实形的水平投影

图 3-4　正六棱柱投影图作图步骤

注意:在三面投影图中,各投影与投影轴之间的距离,只反映空间立体与投影面之间的距离,并不影响立体形状的表达。因此,在画体的投影图时,投影轴可省去不画。

3.1.5　平面体的投影特征及尺寸标注

在土建工程中,以上几种平面体是最常见的,掌握它们的投影特征,对提高画图和识图能力有很大帮助。

投影图只能表达立体的形状,而其大小需由尺寸来确定。任何一个形体都有长、宽、高三个方向的尺寸,因此平面体应注出决定其底面形状的尺寸和高度尺寸,见表3-1。

底面尺寸一般注在反映实形的投影上,高度尺寸应尽量注在反映该尺寸的两投影之间;尺寸要标注齐全、清楚。

表 3-1　常见平面体的投影图

名称	三投影图	需要画的投影图和应注的尺寸	投影特征
正六棱柱			柱类: 1. 反映底面实形的投影为多边形; 2. 其他两投影为矩形或几个并列的矩形

续上表

名称	三投影图	需要画的投影图和应注的尺寸	投影特征
三棱柱	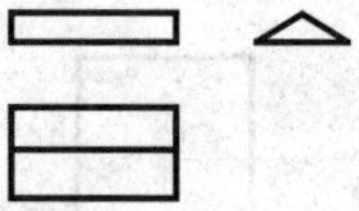	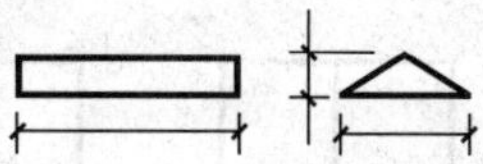	柱类： 1. 反映底面实形的投影为多边形； 2. 其他两投影为矩形或几个并列的矩形
四棱柱	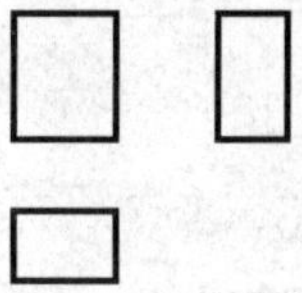	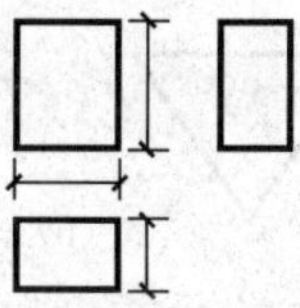	
正三棱锥	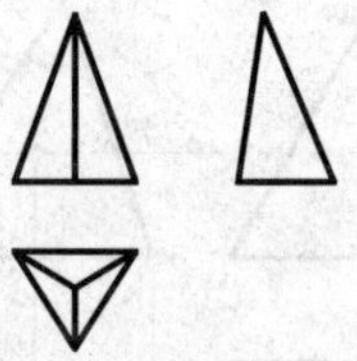	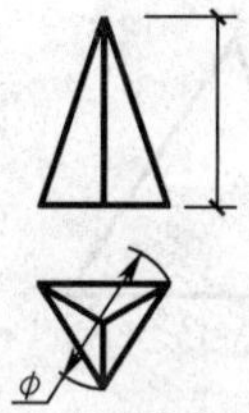 	锥类： 1. 反映底面实形的投影为一个划分成若干三角形线框的多边形； 2. 其他投影为三角形或几个并列的三角形
正四棱锥		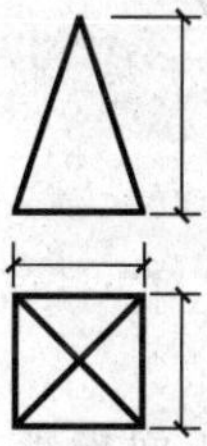	
四棱台	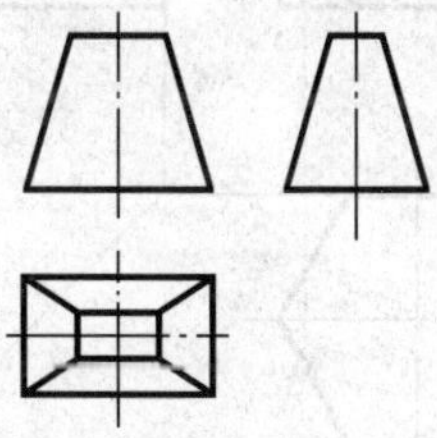	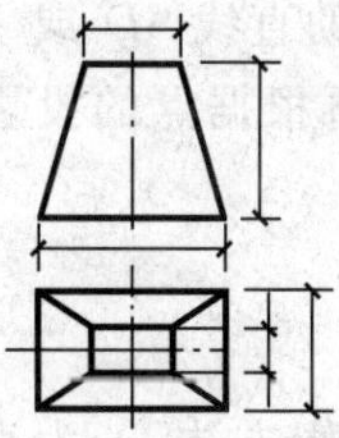	台类： 1. 反映底面实形的投影是多边形和梯形的组合； 2. 其他投影为梯形或并列的梯形

3.1.6 平面体表面上的点

要确定平面立体表面上点的投影，一般应先在表面上过该点取一辅助线，求得辅助线在该投影面上的投影，再确定点的投影。而对位于立体投影有积聚性的表面上的点，则可以直接利用其积聚性来作图。

（1）有积聚性的表面上的点

分析：如图 3-5 所示，已知三棱柱体的表面上 D 点的正面投影，分清面的位置，利用积聚性，可直接求得点的另外两个投影。

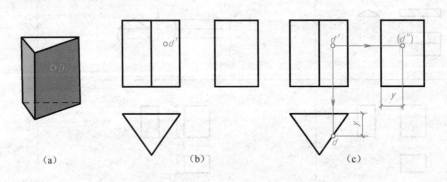

图 3-5　求三棱柱表面上点的投影

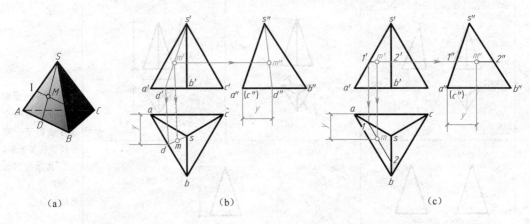

图 3-6　求三棱锥表面上点的投影

（2）一般位置表面上的点

如图 3-6 所示，已知 M 点的正面投影，用辅助直线法可求出点的另两个投影。

作图方法：①过 M 点作辅助直线 SD 或 $\mathrm{I}\,\mathrm{II}$，求出直线 SD 或 $\mathrm{I}\,\mathrm{II}$ 的三面投影；②再根据点的投影规律，求出 M 点的另两面投影。

3.1.7　平面体表面上的线

确定平面体表面上线的投影方法：若为直线，只需确定两端点的投影然后相连，如图 3-7 所示，已知线 IEF 的正面投影 $i'e'f'$（由于通过棱，因而为折线），利用前述方法求出 i、e、f 和 i''、e''、f''，将同一平面上的点的投影相连，并判定可见性。

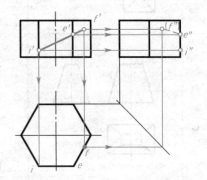

图 3-7　平面体表面上的线

· 巩固提高 ·

做课后思考题 1 和 2 及习题集 3.1.1。

3.2　曲面体的投影

• 学习目标 •

掌握圆柱、圆锥、球的投影以及其表面上的点和线的投影;掌握曲面体的投影特征和其投影图的尺寸标注。

由曲面或曲面和平面所围成的立体称为曲面体。工程上常见的曲面体是由回转曲面或回转曲面和平面所围成的,常见的曲面体有圆柱、圆锥、圆台、球等。

3.2.1　圆　柱　体

1. 圆柱体的形成

圆柱体由圆柱面和上下圆底面所围成,如图 3-8(a)所示。OO_1 称为回转轴,直线段 AA_1 称为母线,圆柱面由一条母线 AA_1 绕与其平行的轴线 OO_1 回转而成。母线在回转过程中的每一个位置称为素线,如图 3-8(a)中的 AA_1 线。

2. 圆柱体的投影特性

图 3-8(b)所示圆柱体,其轴线垂直于 H 面,该圆柱体在 H 面的投影积聚为圆,在另两面的投影为相同的矩形。画图时,先画出 H 面投影中圆的对称中心线和 V、W 面上圆柱轴线的投影,然后画出水平投影的圆,最后根据圆柱的直径及高度作出 V、W 面投影的矩形,如图 3-8(c)所示。

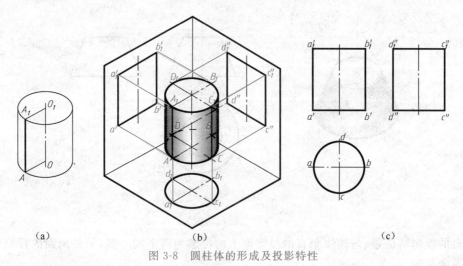

图 3-8　圆柱体的形成及投影特性

3.2.2　圆　锥　体

1. 圆锥体的形成

圆锥体是由圆锥面及一圆底面所围成,如图 3-9(a)所示。圆锥面是一直线段 SA(母线)绕与其相交的轴线 SO 回转形成的,圆锥体上的所有素线都相交于锥顶 S。

2. 圆锥体的投影特性

圆锥体是由圆锥面及锥底面围成,圆锥面的三个投影都没有积聚性,在轴线所垂直的投影

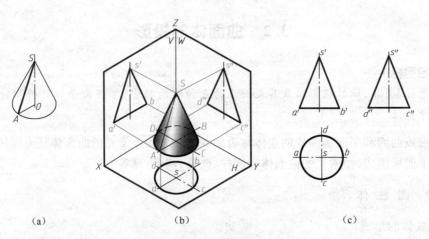

(a)　　　　　　　(b)　　　　　　　(c)

图 3-9　圆锥体的形成及投影特性

面上的投影为圆,其他两投影为相同的等腰三角形,图 3-9(b)为轴线垂直于 H 面的圆锥的三面投影图。画图时先画出中心线与轴线,其次画出投影为圆的 H 面投影,然后根据圆锥体的底面圆直径及高度,作出其余两投影图。

3.2.3　圆　台

圆锥被垂直于轴线的平面截去锥顶部分后,剩余的部分称圆台,其上下底面为半径不同的圆面,如图 3-10 所示。

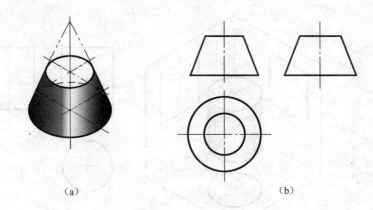

(a)　　　　　　　　　　(b)

图 3-10　圆台的投影

圆台的投影特征是:与轴线垂直的投影面上的投影为两个同心圆,另外两面的投影为大小相等的等腰梯形。

3.2.4　球　体

1. 圆球的形成

如图 3-11(a)所示,圆球是由一圆平面绕其直径回转形成的。

2. 圆球的投影

球的三个投影都是与球直径相等的圆,正面投影圆是前半球和后半球的分界圆,水平投影圆是上半球与下半球的分界圆,侧面投影圆是左半球与右半球的分界圆,这三个圆的其余两投影均与球的中心线重合,不必画出,如图 3-11(b)所示。

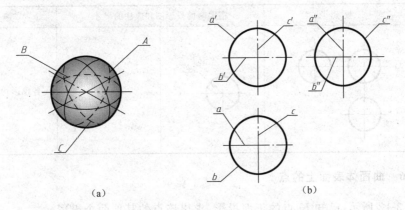

（a）　　　　　　　　　　　　（b）

图 3-11　圆球的投影

3.2.5　曲面体的投影特征及尺寸标注

常见曲面体圆柱、圆锥、圆台、球的投影图及尺寸标注见表 3-2。

表 3-2　常见曲面体的投影图

名称	三投影图	需要画的投影图和应注的尺寸	投影特征
圆柱			柱类: 1. 反映底面实形的投影为圆; 2. 其他两投影为矩形
圆锥			锥类: 1. 反映底面实形的投影为圆; 2. 其他投影为三角形
圆台			台类: 1. 反映底面实形的投影为两个同心圆; 2. 其他投影为梯形

续上表

名称	三 投 影 图	需要画的投影图和应注的尺寸	投 影 特 征
球		$s\Phi$	各投影均为圆

3.2.6　曲面体表面上的点

如图 3-12 所示,已知 K 点的正面投影,求出该点的其他两个投影。

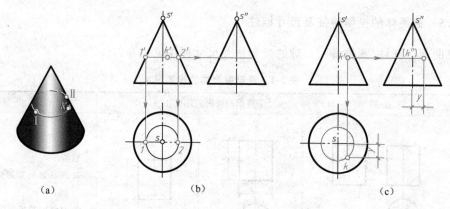

图 3-12　求圆锥表面上点的投影

作图方法:对于回转体表面上的点,可采用辅助圆法(圆锥也可用辅助素线法)求得,即过 K 点作平行于底圆的辅助圆。

3.2.7　曲面体表面上的线

确定曲面体表面上线的投影方法:若为直线,只需确定两端点的投影,然后相连;若为曲线,除确定两端点外,尚需确定适量的中间点及可见与不可见分界点的投影,再行连线,如图 3-13 所示。

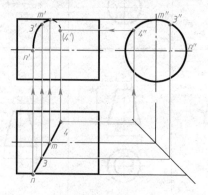

图 3-13　曲面体表面上的线

・巩固提高・

做课后思考题 3 及习题集 3.2.1、3.2.2。

3.3 组合体的投影

・学习目标・

简单了解平面与立体相交的投影与两立体相贯的投影;掌握组合体的组合方式与识读方法。

*3.3.1 截切体的投影

工程上经常遇到立体被平面截切、立体和立体相交的情形。基本体被平面截切后的部分称为截切体。截切基本体的平面称为截平面,基本体被截切后的断面称为截断面,截平面与体表面的交线称为截交线,如图 3-14 所示。

基本体有平面体与曲面体两类,基本体与截平面相对位置不同,其截交线的形状也不同,但任何截交线都具有下列两个性质:

(1)共有性。截交线是截平面与基本体表面的共有线。

(2)封闭性。任何基本体的截交线都是一个封闭的平面图形(平面折线、平面曲线或两者组合)。

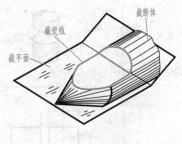

图 3-14 截交线的概念

由于截交线是截平面与基本体表面的共有线,截交线上的点,必定是截平面与基本体表面的共有点。所以求截交线的投影,实质就是求截平面与基本体表面的全部共有点的投影集合。

1. 平面截切体的投影

平面立体的表面都由平面所组成,所以它的截交线是由直线围成的封闭的平面多边形。多边形的各个顶点是截平面与平面立体的棱线或底边的交点,多边形的每一条边是平面立体表面与截平面的交线。因此,求平面立体的截交线,只要求出截平面与平面立体上各被截棱线

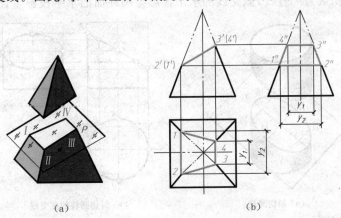

(a)   (b)

图 3-15 斜切四棱锥的投影

或底边的交点,然后依次连接即可。

　　【例 3-1】　求正四棱锥斜切后的投影。

　　分析:图 3-15(a)所示为正四棱锥被正垂面 P 斜切,截交线为四边形,其四个顶点分别是四条侧棱与截平面的交点。所以只要求出截交线四个顶点在各投影面的投影,然后依次将各点的同名投影连线,即得截交线的投影,如图 3-15(b)所示。

　　2. 曲面截切体的投影

　　(1)圆柱截切体

　　根据截平面与圆柱轴线的相对位置不同,平面截切圆柱所得的截交线有三种:矩形、圆和椭圆,见表 3-3。

表 3-3　圆柱的截切

截平面位置	与轴线垂直	与轴线倾斜	与轴线平行
截交线形状	圆	椭圆	矩形
直观图			
投影图			

　　【例 3-2】　求圆柱被正垂面截切后的侧面投影。

　　分析:如图 3-16(a)所示,圆柱被正垂面斜切,截交线的形状为椭圆,因截平面为正垂面,故截交线正面投影积聚为一直线,截交线的水平投影与圆柱面的水平投影重合为一圆,截交线的

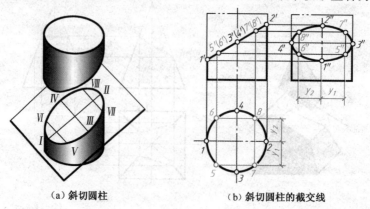

(a)斜切圆柱　　　　　　　　　(b)斜切圆柱的截交线

图 3-16　斜切圆柱的投影

侧面投影一般还是椭圆,故只需求出截交线的侧面投影,如图 3-16(b)所示。

(2)圆锥截切体

根据截平面与圆锥轴线的相对位置不同,其截交线有五种情况,见表 3-4。

表 3-4　圆锥体的截切

截平面的位置	与轴线垂直	过圆锥顶点	平行于任一素线	与轴线倾斜并与所有素线都相交	平行于轴线
截交线的形状	圆	直素线	抛物线	椭　圆	双曲线
轴测图					
投影图					

【例 3-3】　圆锥被一正平面截切,如图 3-17(a)所示,求作截切体的投影。

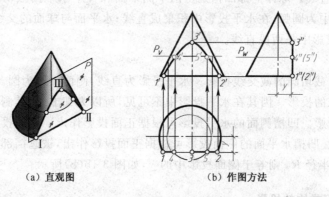

（a）直观图　　　　　　　　　（b）作图方法

图 3-17　正平面截切圆锥

分析:因截平面平行于圆锥轴线,其截交线为双曲线,截交线的水平和侧面投影都积聚为直线,正面投影反映实形。

作图:

① 作特殊位置点的投影。由最高点Ⅲ和最低点Ⅰ、Ⅱ的侧面投影和水平投影,求出正面投影 1′、2′、3′。

② 用辅助圆求一般位置点投影。作辅助平面 P 与圆锥相交得一圆,该圆的水平投影与

截平面的水平投影相交得 4 和 5 两点,再由 4、5 和 $4''(5'')$ 求出 $4'$、$5'$。

③ 依次光滑连接 $1'$、$4'$、$3'$、$5'$、$2'$,即得双曲线正面投影。

(3)圆球截切体

任何位置的截平面截切球体时,截交线都是圆,但其投影随截平面位置不同而不同,当截平面平行于某一投影面时,截交线在该投影面上的投影为圆,在另外两投影面上的投影都积聚为直线。截平面垂直于某一平面时,在该平面的投影积聚为倾斜于轴线的直线,另两面投影为椭圆。当截平面处于一般位置时,则截交线的三面投影均为椭圆。

【例 3-4】 已知正面投影,如图 3-18(a)所示,补画水平投影和侧面投影。

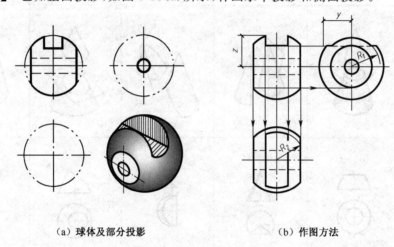

(a)球体及部分投影   (b)作图方法

图 3-18 圆球被截切后的投影

分析:从图中知道,球体的左右两个截平面对称且为侧平面,因此截交线的侧面投影为圆,水平投影积聚为直线。球体上部凹槽是由两个侧平面和一个水平面截切而成,侧平面与球面交线在侧面投影中为圆弧,在水平投影中积聚成直线;水平面与球面的交线在水平投影中为两段圆弧,在侧面投影中是两段直线。

作图:

① 作左右两截切圆的截交线投影。水平投影为直线,侧面投影为圆。

② 作圆柱孔的投影。因其在水平投影中不可见,所以为细虚线,其侧面投影为圆。

③ 作凹槽投影。凹槽侧面的水平投影可根据正面投影作出。侧面投影圆弧半径 R_1 等于正面投影中的 z。凹槽水平面的侧面投影可根据正面投影作出,被遮挡部分用细虚线画出,而水平投影圆弧的半径 R_2 则等于侧面投影中的 y,如图 3-18(b)所示。

*3.3.2   相贯体的投影

两立体相交,其表面就会产生交线,相交的立体称为相贯体,它们表面的交线称为相贯线,两立体相交也常称为相贯,如图 3-19 所示。

由于相交基本体的几何形状、大小和相对位置不同,相贯线的形状也就不相同,但都有共同的基本性质:

(1)共有性。相贯线是两个基本体表面的共有线,是两个相贯体表面一系列共有点的集合。

(2)封闭性。由于基本体具有一定的范围,所以相贯线一般为封闭的平面折线、空间折线、平面曲线和空间曲线。

求相贯线一般有两种方法：积聚性法和辅助平面法，本书仅介绍积聚性法。

1. 两平面体相贯

两平面立体的相贯线，一般是一组或两组封闭的空间（或平面）折线。相贯线的每条折线段为立体上两相交表面的交线，折线的转点必为一立体的棱线与另一立体表面的贯穿点。因此，两平面立体相贯线的求法是：一是求出平面立体上参与相交的棱线与

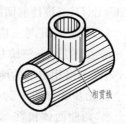

图 3-19　相贯线

另一立体表面的贯穿点，再将同一表面上的贯穿点顺次相连；二是求出一立体与另一立体表面的交线，再依次相连。

【例 3-5】　求作四棱柱与三棱柱相贯的投影。

分析：

(1)由图 3-20(a)可知，由于四棱柱全部从三棱柱中贯出，因此形成前后两组相贯线ⅠⅡⅢ Ⅳ Ⅴ Ⅵ（空间折线）和 *ABCD*（平面折线）。

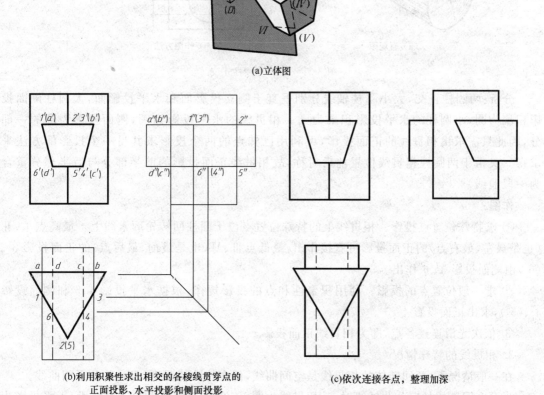

(a)立体图

(b)利用积聚性求出相交的各棱线贯穿点的
正面投影、水平投影和侧面投影

(c)依次连接各点，整理加深

图 3-20　两平面体相贯

(2)四棱柱的四条侧棱及三棱柱前面之侧棱参于相交。四棱柱侧棱的贯穿点为Ⅰ、A、Ⅲ、B、Ⅳ、C、Ⅵ、D,三棱柱前面侧棱的贯穿点为Ⅱ、Ⅴ,若求出上述各点的投影,即得到相贯线的投影。

(3)据四棱柱与三棱柱的位置可知,四棱柱的正面投影有积聚性,其相贯线的正面投影必然积聚在梯形上;三棱柱的水平投影有积聚性,相贯线的水平投影也必积聚在三角形上。因此,只需求出相贯线的侧面投影即可,如图 3-20(b)所示。

作图步骤如图 3-20(b)和(c)所示。

2. 两曲面体相贯

若两相贯体中有圆柱体,且圆柱体轴线垂直于某一投影面,则在投影面的投影积聚为圆,相贯线的该面投影与圆重合。此时可利用圆柱投影的积聚性求出相贯线的其他投影。

【例 3-6】 求作两圆柱正交[图 3-21(a)]的相贯线。

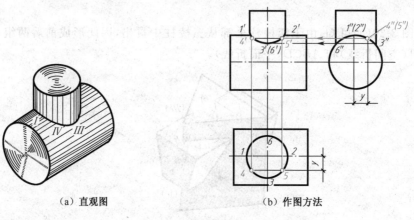

　　(a) 直观图　　　　　　　　　　(b) 作图方法

图 3-21　圆柱与圆柱正交

分析:两圆柱正交,大小圆柱轴线分别垂直于侧立投影面和水平投影面,大圆柱侧面投影积聚为圆,小圆柱的水平投影积聚为圆。相贯线的水平投影为圆,侧面投影为圆的一部分,因此只需求出相贯线的正面投影,可利用已知点的两个投影求其另一个投影的方法来求得。又由于两圆柱相贯线位置前后对称,故相贯线正面投影的前半部分与后半部分重合为一段曲线。

作图:

① 求特殊位置点投影。相贯线上的特殊位置点位于圆柱回转轮廓素线上。最高点Ⅰ、Ⅱ(也是最左、最右点)的正面投影可直接作出,最低点Ⅲ、Ⅵ(也是最前、最后点)的正面投影 3′、(6′)由侧面投影 3″、6″作出。

② 求一般位置点的投影。利用积聚性和点的投影规律,根据水平投影 4、5 和侧面投影 4″、(5″),求出正面投影 4′、5′。

③ 依次光滑连接各点,即为相贯线正面投影。

3. 相贯线的特殊情况

在一般情况下,两回转体的相贯线是空间曲线,但在特殊情况下,也可能是平面曲线。

当两个回转体具有公共轴线时,其相贯线为圆,该圆的正面投影为一直线段,水平投影为圆,如图 3-22 所示。

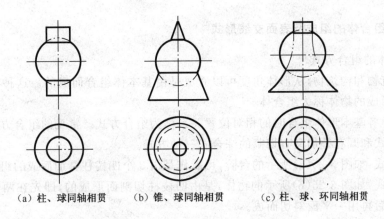

(a) 柱、球同轴相贯　　　(b) 锥、球同轴相贯　　　(c) 柱、球、环同轴相贯

图 3-22　相贯线的特殊情况(一)

当圆柱与圆柱、圆柱与圆锥相交,且公切于一个球面时,图中相贯线为两个垂直于 V 面的椭圆,椭圆的正面投影积聚为直线段,如图 3-23 所示。

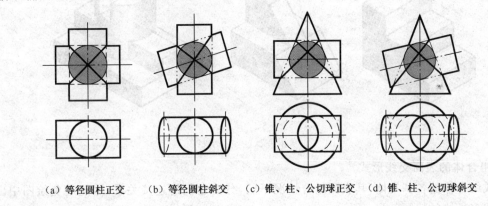

(a) 等径圆柱正交　　(b) 等径圆柱斜交　　(c) 锥、柱、公切球正交　(d) 锥、柱、公切球斜交

图 3-23　相贯线的特殊情况(二)

4. 相贯线的近似画法

正交圆柱相贯线的近似画法:当两圆柱正交且直径相差较大、作图要求精度不高时,相贯线可用圆弧代替非圆曲线。如图 3-24 所示,以大圆柱的 $D/2$ 为半径作圆弧代替非圆曲线的相贯线。

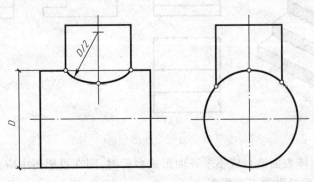

图 3-24　用圆弧代替相贯线

3.3.3　组合体的组成及表面交线形式

1. 组合体的组合方式

工程建筑物和构筑物,从形体角度可以看成是由基本体组合而成的。这种由基本体按一定方式组合而成的物体称为组合体。

组合体中各基本形体组合时的相对位置关系称为组合方式。常见的组合方式大体上分为叠加式、切割式和既有叠加又有切割的综合式三种方式。

(1)叠加式:如图 3-25(a)所示的台阶,可看作是由 3 个四棱柱叠加而成的组合体。

(2)切割式:如图 3-25(b)所示的物体,是由四棱柱切割而形成的,即先在两侧各切去一个小四棱柱,然后再用一平面斜切而成。

(3)综合式:如图 3-25(c)所示,这种组合方式既有叠加又有切割。

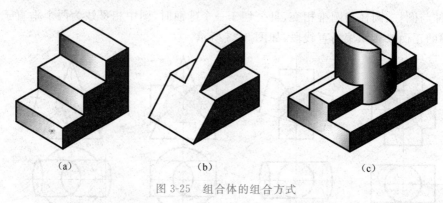

(a)　　　　　　　　　(b)　　　　　　　　　(c)

图 3-25　组合体的组合方式

2. 组合体的表面交线形式

组成组合体的各基本体,其表面结合情况不同,分清它们的连接关系,才能避免绘图中出现漏线或多画线的问题。

体表面交结处的关系可分为平齐、不平齐、相切、相交四种。

(1)平齐:如图 3-26(a)、(b)所示,由三个四棱柱叠加而成的台阶,左侧面结合处的表面平齐没有交线,在侧面投影中不应画出分界线,图 3-26(c)是错误的。

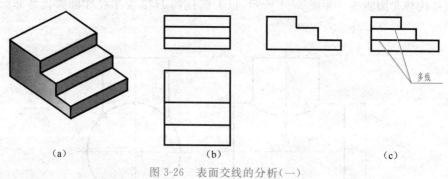

(a)　　　　　　　　　(b)　　　　　　　　　(c)

图 3-26　表面交线的分析(一)

(2)不平齐:当形体表面结合成不平齐而形成台阶时,则在投影图中应画出线将它们分开,如图 3-26(b)中的水平投影和正面投影。

(3)相切:当形体表面相切时,在相切处不画线,如图 3-27(a)所示。

（4）相交：当形体表面相交时，相交处必须画出交线，如图 3-27(b)所示。

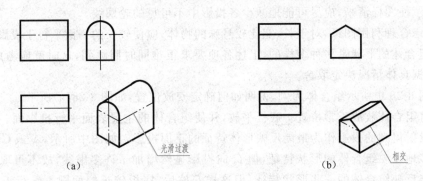

光滑过渡　　　　　　　　　　　　　　相交

（a）　　　　　　　　　　　　　　　（b）

图 3-27　表面交线的分析（二）

3.3.4　组合体投影图的画法

1. 形体分析

画组合体的投影图之前，一般先对所绘组合体的形状进行分析，分析它是由哪些基本几何体组成的，各基本几何体之间的组合方式和位置关系怎样，这一过程称为形体分析。如图 3-28(a)所示组合体，可以将它分析成图 3-28(b)所示的基本几何体组成：底板是一块两边带有圆柱孔的长方体；底板之上，中间靠后的部分是半个圆柱和一块长方体叠加，中间有圆柱通孔；在带圆柱通孔的长方体左右两侧，各有一个三棱柱，前边为一个四棱柱。组合方式为综合式。

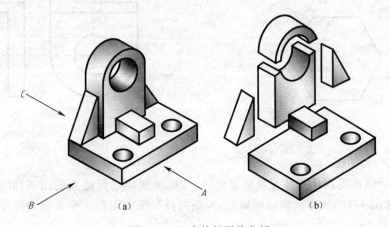

C　　　　　　　　　　　　　　　　　　　A

B　　　　　　（a）　　　　　　　　　（b）

图 3-28　组合体的形体分析

2. 确定组合体的安放位置

确定安放位置，就是考虑使组合体对三个投影面处于怎样的位置。位置确定后，它在三个投影面上的投影也就确定了。由于画图和读图时一般先从正面投影入手，因此，正面投影在投影图中处于主要地位，在确定安放位置时，应首先考虑使物体的正面投影最能反映组合体的形状特征。

确定安放位置时有以下几项要求：

（1）必须使组合体处于平稳位置。

（2）使正面投影能较多地反映组合体的形状特征。

(3)为了画图方便,应使组合体的主要面与投影面平行。

(4)为了使图样清晰,应尽可能地减少各投影中不可见的轮廓线。

(5)考虑合理利用图纸,对于长、宽比较悬殊的物体,应使较长的一面平行于投影面 V。

由于组合体的形状是多种多样的,上述各项要求很难同时照顾到,这时就应考虑主次,权衡利弊,根据具体情况决定取舍。

现以图 3-28 中所示组合体为例,说明如何确定安放位置,如图 3-28(a)所示。

首先将组合体放成正常位置——底板平放,并使组合体的主要表面平行投影面。再考虑把哪个方向投射得到的投影作为最能反映形体特征的正面投影。如图中所示,A 或 C 方向的投影均能较多地反映组合体的形状特征,但 C 向投影显然增加了许多虚线,故不可取。B 向投影虽然也能反映组合体的一些形状特征,但这样安放后,底板较长的面则不平行于 V 面。经全面分析比较,最后确定以 A 向投影作为正面投影,这样便确定了组合体的安放位置。

3. 确定组合体的投影图数量

应在能正确、完整、清楚地表达形体的原则下,使用最少数量的投影图。对于简单的物体,注明厚度后用一个投影即可表达完整,如图 3-29 所示的六边形磁砖。对于较复杂的形体则需要用两个或两个以上的投影表示,如图 3-30 所示的建筑配件,就是用两个投影表示的。图 3-28 所示组合体是用三个投影表示的(图 3-31)。考虑到便于读图和标注尺寸,一般常用三面投影图表示物体的形状。

图 3-29　六边形磁砖

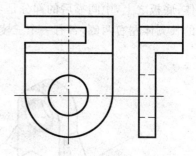

图 3-30　建筑配件

4. 选择比例和图幅

确定了组合体的安放位置和投影数量之后,按标准规定选择适当的比例和图幅。在通常情况下,尽量选用 1:1 的比例。确定图幅时,应根据投影图的面积大小及标注尺寸和标题栏的位置来确定。

5. 作图步骤

确定了画哪几个投影后,即可使用绘图仪器和工具开始画投影图。画组合体投影图的步骤如下:

(1)根据物体大小和标注尺寸所占的位置选择图幅和比例。

(2)布置投影图。先画出图框、标题栏线框和基准线。在可以画图的范围内安排 3 个投影的位置,为了布置匀称,一般先根据形体的总长、总宽和总高画出 3 个长方形线框作为 3 个投影的边界,如果是对称图形,则应画出对称线。布图时要考虑留出标注尺寸的位置。

(3)画投影图底稿。用较细较轻的线画出各投影底稿。一般先画出组合体中最能反映特征的或主要部分的轮廓线,然后画细部,即先画大的部分,后画小的部分,先画可见轮廓线,后画不可见轮廓线。

(4)加深图线。经检查无误之后,按规定图线加深。

(5)标注尺寸。标注图样上的尺寸,以确定物体的大小。

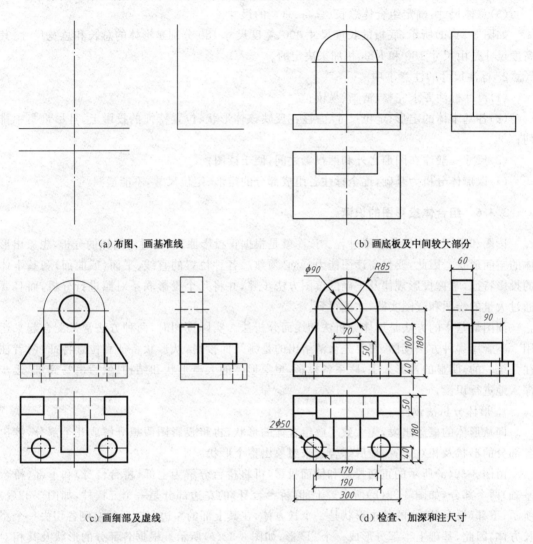

(a)布图、画基准线　　　　　　　　　　(b)画底板及中间较大部分

(c)画细部及虚线　　　　　　　　　　(d)检查、加深和注尺寸

图 3-31　画组合体投影图的步骤

3.3.5　组合体投影图的尺寸标注

投影图仅表达形体的形状和各部分的相互关系,而有足够的尺寸才能表明形体的实际大小和各组成部分的相对位置。

1. 尺寸种类

(1)定形尺寸:确定组合体各组成部分形状大小的尺寸。

如图 3-31(d)所示,把组合体分为底板、竖板、两个三棱柱、一个四棱柱五个基本部分,这五个部分的定形尺寸分别为:底板长 300、宽 180、高 40 以及板上两圆孔 $\phi50$;竖板长 170、宽 60,圆孔 $\phi90$,圆弧半径 $R85$;三棱柱宽 50、高 100;四棱柱长 70、宽 90、高 50。

（2）定位尺寸：确定各组成部分之间相对位置的尺寸。

如图 3-31(d)所示，水平投影中的尺寸 190 是底板上两圆孔长度方向的定位尺寸，40 是两圆孔宽度方向的定位尺寸。

（3）总体尺寸：确定组合体总长、总高、总宽的尺寸。

如图 3-31(d)所示，底板的长度尺寸 300、宽度尺寸 180 分别是形体的总长和总宽尺寸，其高度尺寸是由尺寸 180 和 $R85$ 相加来决定的。

2. 标注尺寸的注意事项

（1）尺寸标注要求完整、清晰、易读；

（2）各基本体的定形、定位尺寸，宜注在反映该体形状、位置特征的投影上，且尽量集中排列；

（3）尺寸一般注在图形之外和两投影之间，便于读图；

（4）以形体分析为基础，逐个标注各组成部分的定形、定位尺寸，不能遗漏。

3.3.6　组合体投影图的识读

读图和画图是相反的思维过程。读图就是根据正投影原理，通过对图样的分析，想象出形体的空间形状。因此，要提高读图能力，就必须熟悉各种位置的直线、平面（或曲面）和基本体的投影特征，掌握投影规律及正确的读图方法步骤，并将几个投影联系对照进行分析，而且要通过大量的绘图和读图实践，才能得到。

读图最基本的方法是形体分析法和线面分析法。实际读图时，两种方法常常配合起来运用。不管用哪种方法读图，都要先认清给出的是哪几面投影，从形状特征和位置特征（两者往往是统一的）明显的投影入手，联系各投影，想象形体的大概形状和结构，然后由易到难，逐步深入地进行识读。

1. 形体分析法读图

即从形体的概念出发，先大致了解组合体的形状，再将投影图假想分解成几个部分，读出各部分的形状及相对位置，最后综合起来想象出整个形状。

由图 3-32(a)所示的正面投影和侧面投影，可将桥台分解为上部（桥台台身）和下部（桥台基础）两个部分，如图 3-32(b)所示。上部（桥台台身）的左边部分是一个三棱柱，如图 3-32(c)所示；下部（桥台基础）的基本形状是一个长方体，在其上部的左边，前、后的左侧各切去一个小长方体，因此，基础上半部分形成一个"T"形，如图 3-32(e)所示。根据各部分的形状及其相对位置，综合想象出桥台的整体形状如图 3-32(f)所示。

2. 线面分析法读图

线面分析法读图即根据线面的投影特征，用分析线、面的形状和相对位置关系，想象形体形状的方法。

物体投影中封闭的线框，一般是物体某一表面的投影。因此，在进行线面分析时，可从线框入手，即在一个投影（如正面投影）上选定一个（一般先选定大的、或投影特征明显的）线框，然后根据投影关系，找出该线框的其他投影——线框或线段（直线或曲线）。从相应的几个投影中，即可分析出物体该表面的形状和空间位置。

另外，在进行线面分析时，要充分利用各种位置线面的投影特性。如果一个线框代表的是一个平面，该平面的投影如不积聚成一条直线，则一定是一个类似形，如三边形仍是三边形，多

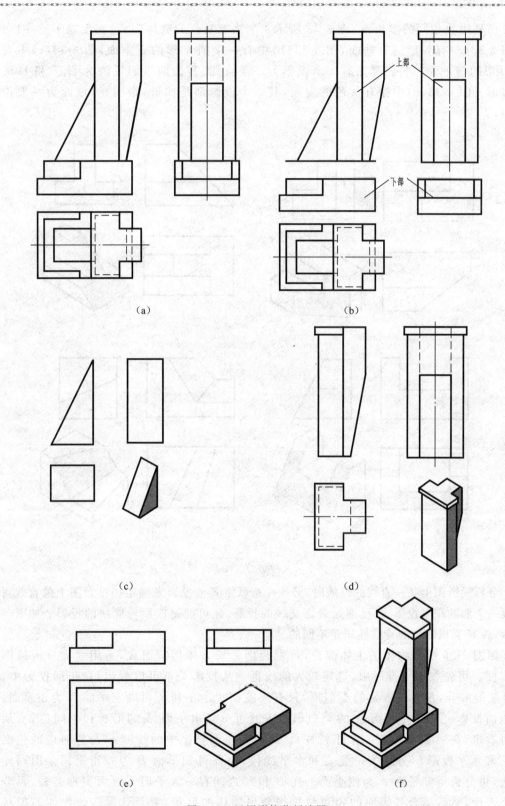

上部

下部

（a）　　　　　　　　　　　（b）

（c）　　　　　　　　　　　（d）

（e）　　　　　　　　　　　（f）

图 3-32　运用形体分析读图

边形仍是边数相同的多边形,图 3-33 所示 4 个涂有灰色的物体表面,都反映了这一性质。在图 3-33(a)有 L 形的铅垂面,图 3-33(b)中有一个倒 T 形的正垂面,图 3-33(c)中有一个 U 形的侧垂面。它们都是有 1 个投影为一条直线,其余两投影反映为 L、T 和 U 形的类似形。图 3-33(d)中涂有灰色的表面,其 3 个投影都是梯形,很明显,该面为一般位置平面。

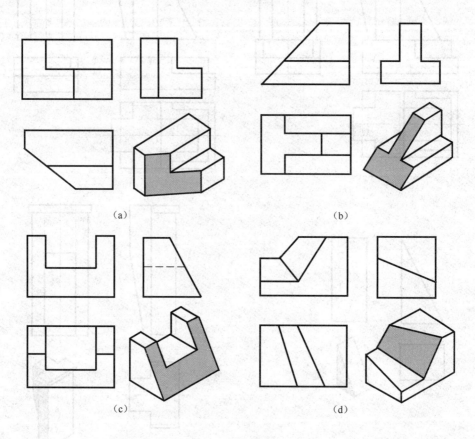

(a)   (b)

(c)   (d)

图 3-33　投影中的线框分析

　　分析投影图上某一直线的性质时,必须注意联系其他投影来确定。投影图上的直线可能代表一个面的积聚投影,也可能是表面交线的投影,还可能是曲面轮廓线的投影。如图 3-34 所示,各 V 面投影中的直线性质是不同的。

　　如图 3-35 所示物体的主体部分,可视为由一长方体切割而成,运用线面分析读图较为方便。可先在水平投影中,选定较大的线框。从投影关系可以看出,在正面投影中,与 a 对应的部分,没有线框 a 的类似形,只有线段 a'。由 a 和 a' 可确定平面 A 为正垂面,它的侧面投影 a'' 一定是平面 A 的类似形。因此可分析出平面 A 的形状和空间位置(从图中可看出,在 A 面上附有一个小棱柱)。再研究正面投影中的线框 b,与它对应的侧面投影 b' 和水平投影 b,分别为一竖直和水平线段,由此可知平面 B 为一正平面。用同样的方法,可分析得知平面 C 为侧垂面。在 B 和 C 之间有一水平面 D。可根据需要,再分析几个表面,然后综合各表面的相对位置想象出物体的形状,直至读懂。该物体的形状如图 3-35(b)所示。

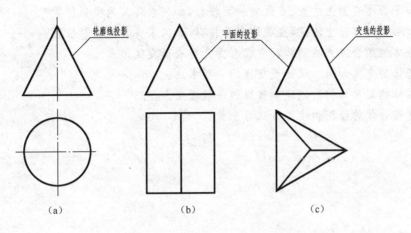

图 3-34　投影中的直线分析

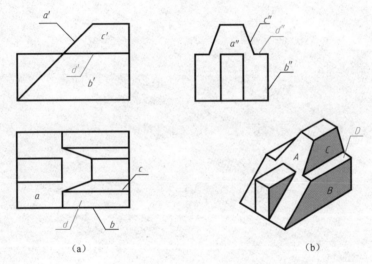

图 3-35　运用线面分析读图

· 巩固提高 ·

做课后思考题 4、5、6、7 及习题集* 3.3.1、* 3.3.2、3.3.3、3.3.4、3.3.5、3.3.6。

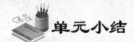 单元小结

　　学习本单元内容,需综合应用前面学过的投影基础知识及作图方法。通过本单元的学习,将进一步提高投影分析、形体分析、画图、读图以及空间想象能力。本单元主要介绍了立体的投影及在立体表面上取点、取线的方法。另外还介绍了平面与立体相交(截交线)及立体表面间相交(相贯线)所产生的交线的画法。

课后思考题

1. 常见柱、锥、台以及球体的投影特征是什么?

2. 已知平面体表面上的点、直线的一面投影,如何求得其他投影位置?

3. 已知曲面体表面上的点、直线的一面投影,如何求得其他投影位置?

4. 组合体的组合方式有哪些? 它们有哪几种表面交线形式?

5. 截切体的定义如何? 试述截交线的一般求法。

6. 相贯体的定义如何? 试述相贯线的一般求法。

7. 试述组合体的绘图和读图方法与步骤。

单元4 轴测投影

【知识目标】

1. 了解轴测投影的基本概念和种类;

2. 了解轴测投影图的特征及优缺点;

3. 掌握形体轴测投影图的作图规律和方法。

【能力目标】

1. 能解释轴测投影图的特性及优缺点;

2. 能用制图工具仪器绘制工程常见形体的轴测投影图。

【课外知识拓展】

立体感的形成

立体电影之所以好看,就是因为它比普通电影多了一个深度感觉,也就是立体感觉。它不但可显示平面的画面,同时可辨别出前后和远近,使你有一种身临其境的感觉。

人的立体感是怎样形成的呢?这是一个比较复杂的问题。当你两眼注视前方一个物体时,物体在双眼视网膜相对应的部位各自形成清晰的物像,然后传导到大脑皮质,由大脑皮质中枢将它们融合成一个物像,称为融合功能。另外,当你两眼注视某一物体时,两眼的角度总有小的差别,假如你注视眼前一个水杯,然后交替遮挡眼睛,你会发现右眼是在稍偏右的角度上看到的,而左眼是在偏左的角度上看到的。这就说明两眼看东西时,由于双眼位置不同,各自的角度是有差别的,所以在视网膜上形成的物像必然也有小的差异。根据这个道理,人们就可以分辨出两个不同距离的物体,即为立体知觉。人的立体知觉是有限度的,一般超过 500 m 距离的物体,在视网膜上形成的物像就十分接近,因此两个物体的深度感就分辨不出来了。

立体感是人的双眼视觉功能,单眼是没有立体感的。立体感对人们的生活、工作都十分重要,没有立体感就辨不出远近、深浅,这给人们的生活带来诸多不便,使许多人失去了做精细工作的能力。

【新课导入】

三面正投影图虽然能比较完整、准确地表达物体的形状和大小,并且作图简便、度量性好,但是其每一个投影只能反映两向尺度,缺乏立体感,读图时需三个投影结合起来看,才能想象出立体的空间形状。为了便于识读出形体的空间形状,工程图样中还常用一种富有立体感的投影图作为辅助参考图样,这种较直观的图称为轴测投影图,简称轴测图。本单元主要介绍轴测投影的基本概念、种类和特性,重点介绍了常见轴测投影图的作图规律和方法。

4.1　轴测投影的基本知识

·学习目标·
了解轴测投影的形成和分类以及轴测投影特性;掌握轴测投影轴的设置。

4.1.1　轴测图的形成

如图 4-1(a)所示,正投影图仅能反映形体正面的形状和大小,图样缺乏立体感;如果改变形体对投影面的位置,如图 4-1(b)所示,或者改变投影方向,如图 4-1(c)所示,即将形体连同确定形体长、宽、高方向的空间坐标轴一起沿 S 方向用平行投影的方法向 P 面进行投影所画出来的图样叫轴测图。轴测图采用的是单面投影图,能在一个投影中同时反映出立体的长、宽、高三个方向的形状,它比较接近于人们的视觉习惯,因而立体感较强。

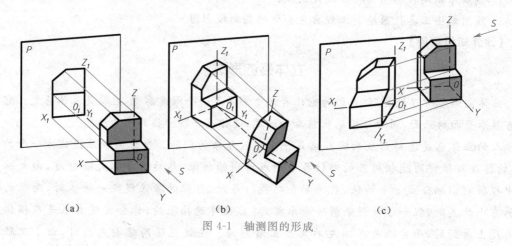

(a)　　　　　　　　　　(b)　　　　　　　　　　(c)

图 4-1　轴测图的形成

4.1.2　轴测投影的几个概念

(1)轴测投影面:轴测投影的投影面,如图 4-1 中所示的投影平面 P。

(2)轴测投影轴:简称轴测轴。空间坐标轴 OX、OY、OZ 在轴测投影平面 P 上的投影 O_1X_1、O_1Y_1、O_1Z_1 称为轴测投影轴。

(3)轴间角:轴测轴之间的夹角称为轴间角。

(4)轴向变化系数:平行于空间坐标轴的线段,其轴测投影长度与实际长度之比称为轴向变化系数,也称为轴向伸缩系数、轴向缩短系数、轴向变化率等。

$$X 轴的轴向变化系数: \frac{O_1X_1}{OX} = p$$

$$Y 轴的轴向变化系数: \frac{O_1Y_1}{OY} = q$$

$$Z 轴的轴向变化系数: \frac{O_1Z_1}{OZ} = r$$

4.1.3 轴测投影的种类

轴测投影分为以下两类：

(1)将形体斜放，使形体上互相垂直的三根棱均与 P 面倾斜，然后用垂直于 P 面的 S 方向进行投影，称为正轴测投影，如图 4-1(b)所示；

(2)将形体正放，选取形体上的正立面(V 面)与 P 面平行，然后用倾斜于 P 面的 S 方向进行投影，称为斜轴测投影，如图 4-1(c)所示。

根据形体与投影面的相对位置不同、轴向变化系数的不同，轴测投影图有很多种分类，工程上常用的是正等测图、斜等测图、斜二测图三种。

(1)若采用正轴测投影，三个轴向变化系数都相等且为 1，即 $p=q=r=1$，称正等测图；

(2)若采用斜轴测投影，三个轴向变化系数都相等且为 1，即 $p=q=r=1$，称为斜等测图；

(3)若采用斜轴测投影，两个轴向变化系数相等，即 $p=q=1$，另一轴向变化系数为 0.5，即 $r=0.5$，称为斜二测图。

4.1.4 轴测图的特点

由于轴测投影采用的是平行投影法，所以它具有平行投影的基本性质：

(1)空间形体上互相平行的线段，其轴测投影仍平行；与空间坐标轴平行的线段，其轴测投影与相应的轴测轴平行。平行性是轴测投影的最主要的特性。

(2)形体上平行于坐标轴的线段，其投影的变化率与相应轴测轴的轴向变化系数相同，在形体上成比例的平行线段，其轴测投影中仍成相同的比例。定比性也是轴测投影的主要特性。

因此，凡是与 OX、OY、OZ 轴平行的线段，在绘制其轴测图时，轴测投影不但与相应的轴测轴平行，而且可直接量度尺寸；而与坐标轴不平行的线段，则不能直接量取长度，需要用坐标法定出其两端点在轴测体系中的位置，然后再连成线段。"轴测"一词由此而来，轴测图可以理解为沿轴测量画出的图。

4.1.5 轴测投影轴的设置

用轴测投影的图示方法画形体的立体直观图时，首先要确定轴测轴 O_1X_1、O_1Y_1、O_1Z_1，然后再根据确定的轴测轴来画图。轴测轴一般常设置在形体的主要棱线、对称中心线或轴线处，也可以设置在形体之外。

• 巩固提高 •

做课后思考题 1。

4.2 轴测图的画法

• 学习目标 •

掌握常见工程形体的正等测图和斜轴测图的画法。

4.2.1　正等测图的画法

1. 轴间角及轴向变化系数

形体的三个坐标轴与轴测投影面倾角相同时，获得的
投影图称正等测图，也称等轴测图，如图4-2所示。

正等测图的三个轴间角相等，都是 120°；三个轴向变化
系数相等，约为 0.82，通常我们采用简化系数，即 $p=q=r=1$，这样，用简化系数画出的图样比形体实际尺寸显得放
大了；O_1X_1、O_1Y_1 轴和水平方向都成 30°角，O_1Z_1 轴是竖
直线，可以用30°三角板结合丁字尺绘制，如图4-3所示。

2. 平面基本体的正等测图的画法

平面体的轴测图的基本画法是根据平面体各角点的
坐标或尺寸，沿轴测轴逐点画出，然后依次连接，判断可
见性（轴测图中的不可见轮廓线一般不画），即可得到其
轴测图。

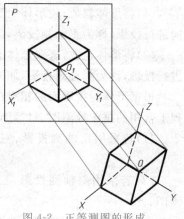

图 4-2　正等测图的形成

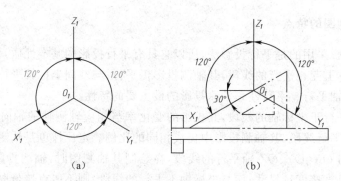

(a)　　　　　　　　　　　(b)

图 4-3　正等测图的轴间角及绘制

（1）棱柱的正等测图

柱状物体的正等测图通常采用平移法绘制。

【例 4-1】　根据三面投影图，如图4-4(a)所示，画出直角梯形四棱柱的正等测图。

作图：先在直角梯形四棱柱的三面投影图上确定坐标轴，取其右后下角点为坐标原点，如
图 4-4(a)所示。

以直角梯形 W 面投影为主投影，直角梯形上下底边平行于 O_1Y_1 轴，它的高平行于 O_1Z_1
轴，画出四棱柱体平行于 W 面的右底面的正等测图 1234，如图4-4(b)所示。

由角点 1、2、3、4 沿 O_1X_1 轴方向量取棱长，连接四个角点，画出左底面的正等测图（应与
右面全等），如图4-4(c)所示。

擦除所有不可见轮廓线及辅助线，加深可见轮廓线，即成直角梯形四棱柱的正等测图，如
图 4-4(d)所示。

（2）棱锥的正等测图

锥状物体的正等测图一般采用移心法绘制。

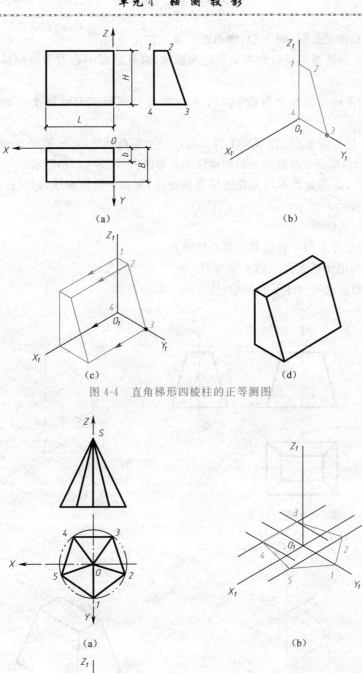

图 4-4 直角梯形四棱柱的正等测图

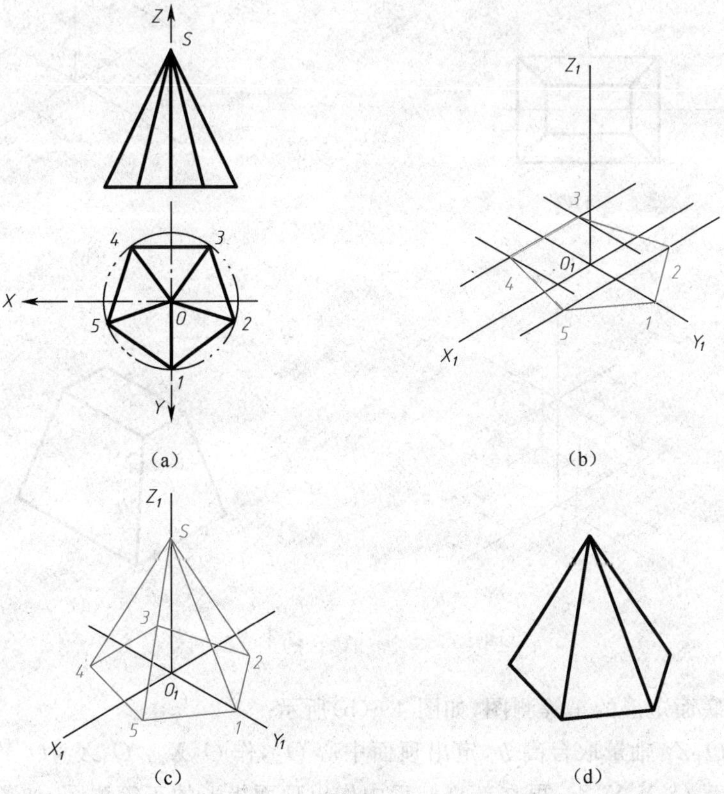

图 4-5 正五棱锥的正等测图

【例4-2】　根据正投影(图4-5),画出正五棱锥的正等测图。

作图:先在正五棱锥的正投影图上确定坐标轴,取其底面中心点为坐标原点,如图4-5(a)所示。

根据正五边形底面的五个角点1、2、3、4、5的各自坐标或尺寸画出底面的正等测图,如图4-5(b)所示。

将底面中心O点沿着O_1Z_1轴向上升高移动一个锥高尺寸,定出锥顶S点,连接S点与底面五个角点的连线,得到五棱锥的五根侧棱线的正等测图,如图4-5(c)所示。

擦除按投影方向的所有不可见轮廓线和辅助线,加深可见轮廓线,即成正五棱锥的正等测图,如图4-5(d)所示。

(3)棱台的正等测图

台状物体的正等测图一般也采用移心法绘制。

【例4-3】　画出矩形四棱台的正等测图。

作图:坐标原点选在台体下底面中心,如图4-6(a)所示。

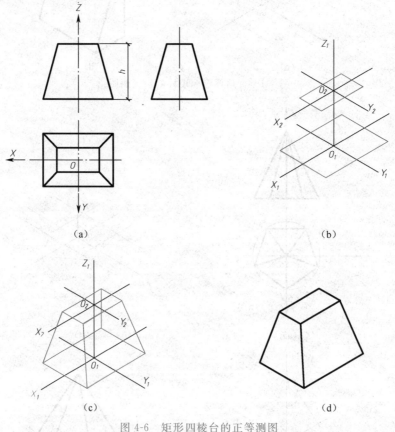

图4-6　矩形四棱台的正等测图

画棱台下底面矩形的正等测图,如图4-6(b)所示。

自O_1沿O_1Z_1轴量取台高h,定出顶面中心O_2,作$O_2X_2//O_1X_1$,$O_2Y_2//O_1Y_1$,得到移心后的新坐标系$O_2X_2Y_2Z_1$,再在新坐标系中作出顶面矩形的正等测图,如图4-6(b)所示。

连接四条侧棱线得到棱台的正等测图,如图4-6(c)所示;擦除所有不可见轮廓线和辅助线,加深可见轮廓线,如图 4-6(d)所示。

3. 曲面基本体正等测图的画法

与投影面平行的圆或圆弧,由于轴测投影面倾斜于三个坐标面,因此,正平圆、水平圆、侧平圆在正等测图中的投影形状成为椭圆或椭圆弧。三个坐标面上的椭圆画法相同。工程上常用辅助菱法(四心近似画法)画正等测图中的椭圆。以水平圆为例,其作图步骤如图 4-7 所示。

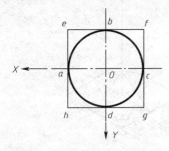

（a）取圆的外切正方形 efgh 与圆切于 abcd 四点

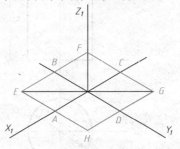

（b）作外切正方形的正等测图（菱形）

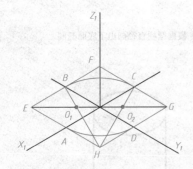

（c）连接 HB、HC 交菱形长对角线于 O_1、O_2 点,以 H、F 为圆心、HB 为半径画大弧 $\overset{\frown}{BC}=\overset{\frown}{AD}$

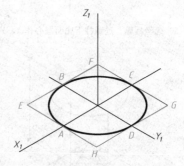

（d）以 O_1、O_2 为圆心,O_1A 为半径画小弧 $\overset{\frown}{AB}$、$\overset{\frown}{CD}$,则四段圆弧构成近似椭圆

图 4-7　辅助菱法作水平圆的正等测图

图 4-8 所示为底面平行于 H、V、W 三个投影面的圆的正等测图。椭圆的长轴在菱形的长对角线上,而短轴在菱形的短对角线上。注意,如果形体上的圆不平行于坐标面,则不能用辅助菱法作正等测图。

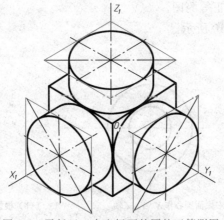

图 4-8　平行于三个坐标面的圆的正等测图

【例 4-4】 画出圆柱的正等测图。

作图: 作图步骤如图 4-9 所示。

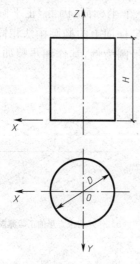

（a）选坐标轴，过圆柱下底面圆心作 X、Y、Z 轴

（b）根据圆柱直径画出下底面椭圆

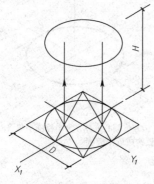

（c）用平移法画出上底面椭圆

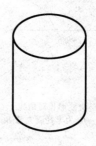

（d）作两椭圆的外公切线，擦除不可见线，整理加深

图 4-9　平移法画圆柱的正等测图

【例 4-5】 画出圆台的正等测图。

作图: 作图步骤如图 4-10 所示。

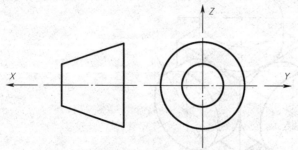

（a）选坐标轴，过圆台右底面圆心作 X、Y、Z 轴

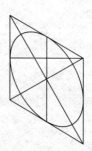

（b）根据圆台右底面直径画出其椭圆

图　4-10

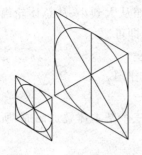 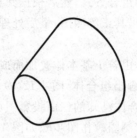

（c）根据台高用移心法画出左底面椭圆　　　（d）作两椭圆的外公切线，擦除不可见线，整理加深

图 4-10　移心法画圆台的正等测图

【例 4-6】　画出带 90°圆角底板的正等测图。

作图：作图步骤如图 4-11 所示。

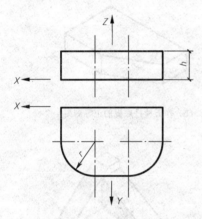  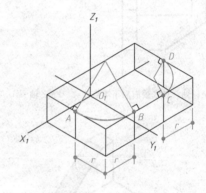

（a）选坐标轴，过底板后下棱线中点作 X、Y、Z 轴　　　（b）作长方体底板的正等测图，在底板上方定出切点 A、B、C、D，画出圆弧

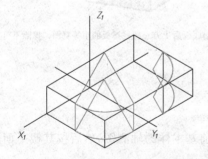 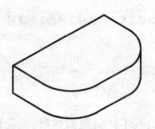

（c）根据柱高用平移法画出下底面圆弧　　　（d）作小圆弧的外公切线，擦除不可见线，整理加深

图 4-11　带 90°圆角底板的正等测图画法

4.组合体正等测图的画法

画组合体的轴测图时，需根据组合体的形状特点、组合形式，选择合适的作图方法，一般有叠加和挖切方法。因此，在画组合体正等测图之前，先应通过形体分析，了解组合体各组成部

分的相对位置和组合方式,然后根据其相互位置关系,按照从大到小、从总体轮廓到局部细节的顺序,逐个作出其正等测图,最后处理好交线,整理加深即可。

(1)叠加法

当组合体是由若干基本体叠加而成时,宜选用叠加法作图。

【例 4-7】 画出组合体[图 4-12(a)]的正等测图。

分析:由组合体已知的三面投影图可知,该组合体由三个基本体叠加而成,所以适用叠加法完成其的正等测图。作图步骤如图 4-12 所示。

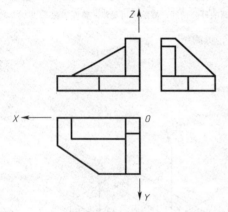

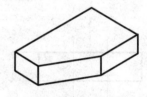

(a) 选坐标轴,过底板右后下端点作 X、Y、Z 轴   (b) 作五棱柱底板的正等测图

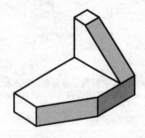

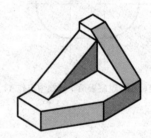

(c) 在底板右上方画出梯形四棱柱立板的正等测图   (d) 画出底板后上方三棱柱撑板的正等测图,擦除不可见线

图 4-12 用叠加法画组合体的正等测图

(2)挖切法

当组合体是由基本体切割而成时,宜先画出成型前基本体的轴测图,然后按其截平面的位置,逐个切去多余部分,处理好交线,完成组合体的轴测图。

【例 4-8】 画出组合体[图 4-13(a)]的正等测图。

分析:由组合体已知的三面投影图可知,该组合体是四棱柱由八个截平面经三次切割而形成,所以适用挖切法完成其正等测图。

作图:作图步骤如图 4-13 所示。

有时,一个组合体是由几种形式组合而成的。在这种情况下,可根据上述两种画组合体轴测图的方法综合运用来作图。

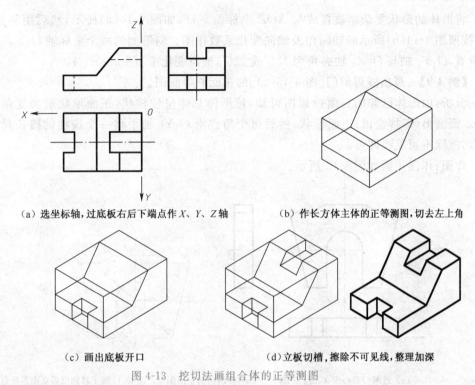

（a）选坐标轴,过底板右后下端点作 X、Y、Z 轴　　　　（b）作长方体主体的正等测图,切去左上角

（c）画出底板开口　　　　　　　　　　　　　（d）立板切槽,擦除不可见线,整理加深

图 4-13　挖切法画组合体的正等测图

4.2.2　正面斜轴测图

不改变形体对投影面的位置,而使投影方向倾斜于正立投影面进行投影,用这种方法画出的轴测图称为正面斜轴测图,工程图中主要用正面斜等测图和正面斜二测图。

正面斜轴测图能反映正面实形,作图简便,直观性强。当形体上的某一个面形状复杂或曲线较多时,用斜轴测图比正等测图更方便、直观。

1. 正面斜等测图

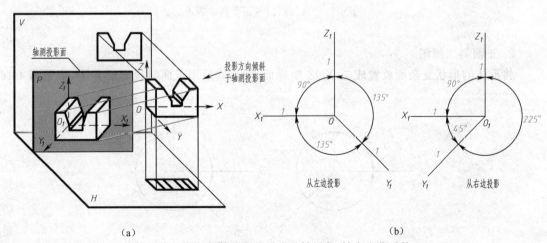

（a）　　　　　　　　　　　　　　　　　（b）

图 4-14　正面斜等测图的形成及轴间角、轴向变化系数

　　将形体的形状复杂面放置成与 XOZ 坐标面平行,如图 4-14(a)所示,然后用斜投影的方法,按照图 4-14(b)所示的轴间角及轴向变化系数作图。斜等测的两个坐标轴 O_1X_1、O_1Z_1 互相垂直,O_1Y_1 轴与 O_1Z_1 轴夹角为 135°或 225°,轴向变化率 $p=q=r=1$。

　　【例 4-9】 画出隧道洞门[图 4-15(a)]的正面斜等测图。

　　分析: 由形体已知的三面投影图可知,该形体总体呈棱柱状,正面形状最为复杂,可先在 XOZ 面画出(即抄绘出)正面形状,然后每个角点沿 O_1Y_1 轴平移一个棱柱的棱长尺寸,连接各点,擦除不可见线即可。

　　作图: 作图步骤如图 4-15 所示。

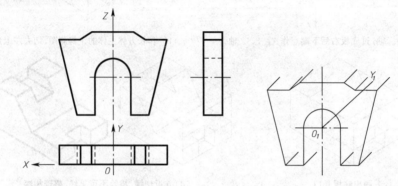

　　(a) 过洞门圆心作 X、Y、Z 轴　　　(b) 作洞门的正面图形,沿 O_1Y_1 轴平移画出后立面各角点

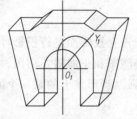
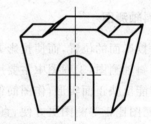

　　　(c) 连接后立面图形各角点　　　　　　(d) 擦除不可见线,整理加深

图 4-15　隧道洞门的正面斜等测图

2. 正面斜二测图

将形体的形状复杂面放置成与 XOZ 坐标面平行,然后用正面斜投影的方法,按照图 4-16

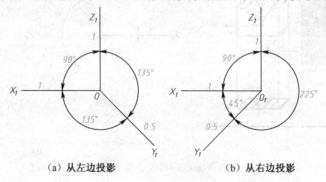

　　(a) 从左边投影　　　　　　　　　(b) 从右边投影

图 4-16　正面斜二测图的轴间角、轴向变化系数

所示的轴间角及轴向变化系数作图。正面斜二测的两个坐标轴 O_1X_1、O_1Z_1 互相垂直,O_1Y_1 轴与 O_1Z_1 轴夹角为 135°或 225°,轴向变化率 $p=q=1,r=0.5$。

【例 4-10】 画出涵洞管节[图 4-15(a)]的正面斜二测图。

分析:由形体已知的三面投影图可知,该形体总体呈柱状,正面形状最为复杂,可先在 XOZ 面画出(即抄绘出)正面形状,然后每个角点及圆心沿 O_1Y_1 轴平移半个棱长尺寸,连接各点,擦除不可见线即可。

作图:作图步骤如图 4-17 所示。

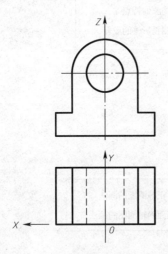

(a)选坐标轴,过涵洞管节前下棱线中点作 X、Y、Z 轴

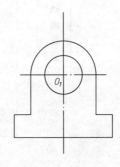

(b)作涵洞管节的正面图形

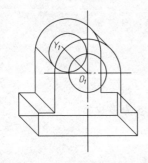

(c)沿 O_1Y_1 轴平移半个棱长,画出后立面图形各角点及圆形

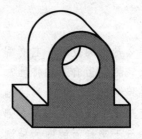

(d)连接立面图形各角点,擦除不可见线,整理加深

图 4-17 涵洞管节的正面斜二测图

绘制物体轴测投影的主要目的是使所得图形能反映物体的主要形状,富于立体感,并大致符合人们日常观看物体所得到的现象。因此,在选择轴测类型时,首先要考虑的是把物体的形状要表达清楚,再考虑所得的图形是否自然和作图的简便性,进而获得较满意的图形。

• 巩固提高 •

做课后思考题 2、3、4、5 及习题集 4.2.1、4.2.2、4.2.3、4.2.4。

单元小结

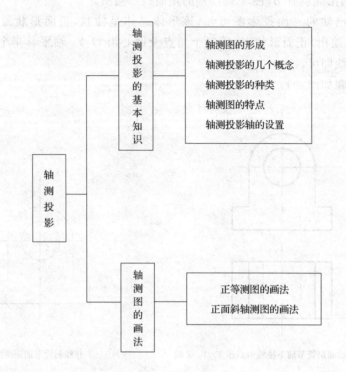

课后思考题

1. 什么是轴测投影？它有哪些特性？
2. 正等测投影有哪些特性？
3. 斜等测和斜二测投影的轴间角及轴向变化系数各为多少？
4. 画形体的轴测投影图有哪几种方法？
5. 平行于坐标面的圆的轴测投影有什么特征？

单元5　物体的常见图示方法

【知识目标】

1. 掌握六面投影图的画法;
2. 掌握剖面图、断面图的分类、画法及标注;
3. 掌握常见简化画法。

【能力目标】

1. 能用六面投影图的方法表达形体;
2. 能绘制常见形体的剖面图、断面图并作正确标注;
3. 能运用常见的图示方法综合表达工程形体的结构形状。

【课外知识拓展】

杭州湾跨海大桥简介

杭州湾跨海大桥是一座横跨中国杭州湾海域的跨海大桥,全长 36 km,桥孔数量达 643 个,是目前世界上最长的跨海大桥。

整座大桥由通航孔、非通航孔及引线三部分组成。北通航孔桥型为主跨 448 m 的双塔双索面钢箱梁斜拉桥,桥塔采用当前流行的钻石形塔。南通航孔位于大桥中间位置,桥型为主跨 318 m 的单塔单索面钢箱梁主塔结构,索塔造型成英文字母"A"字。大桥两岸连接线工程总长 84.4 km,其中北连接线 29.1 km,南岸连接线 55.3 km。

跨海大桥北通航孔　　　　　大桥总体布局方案　　　　　海中平台

杭州湾大桥景观设计师们借助西湖苏堤"长虹卧波"的美学理念,兼顾杭州湾复杂的水文环境等特点,确定了大桥的总体布局方案。整座大桥的平面为 S 形曲线,并在南北航道的通航处各呈一拱形,使大桥具有跌宕起伏的立面形状。

"海中平台"是大桥的精彩一笔。在离南岸大约 14 km 的地方,有一个面积达 1 万 m² 、有两个足球场大的"海中平台"。这一平台在建设中暂时充当海中施工据点。平台建成后,它不仅是海中交通服务的救援平台,而且是一个观赏大海美景的旅游观光平台。

杭州湾位于中国改革开放最具活力,经济最发达的长江三角洲地区。建设杭州湾跨海大桥,对于整个地区的经济、社会发展都具有深远的、重大的战略意义。

【新课导入】

我们已经介绍了用三面投影图表达工程形体形状的方法,这是图示法中最基本的方法,但铁道工程中的许多形体结构其外形和内部结构都比较复杂,仅用三面投影图很难将其表达清楚,为此,国家标准规定了一系列的图样表达方法,以供制图时根据形体的具体情况选用。上图为铁路箱梁,可通过前、后、上、下、左、右六个视点用六面投影图表达其外部形状,还可假想将箱梁横向断开,用断面图表达箱梁内部断面形状。本单元着重介绍国家标准规定的投影图配置、剖面图、断面图的画法,详图的画法及其他表达方法。

5.1　投影图配置

· 学习目标 ·

掌握六面投影图的概念与图示方法以及向视图和展开图的作图方法。

投影图(又称视图)主要用来表达工程形体的外部结构形状,分为基本投影图和辅助投影图两大类。本节在三面投影图基础上增设的六面投影图,属于基本投影图,向视图属于较常见的辅助投影图。

5.1.1　六面投影图

1. 六面投影图概念

在已有的三面投影图的基础上,再增加三个投影面,就构成由正六面体的六个面组成的基本投影面。将形体放在正六面体中,由前、后、左、右、上、下 6 个方向(图 5-1)分别向 6 个基本投影面进行正投影,可得到 6 个投影图。再按图 5-2 所示的展开方法展开,便得到形体位于同一平面的六面投影图,如图 5-3 所示。

2. 六面投影图的名称及投影方向

正立面图(正面图)——由前向后投影所得的投影图;

平面图——由上向下投影所得的投影图;

左侧立面图(左侧面图)——由左向右投影所得的投影图;

右侧立面图(右侧面图)——由右向左投影所得的投影图;

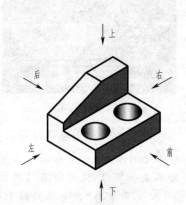

图 5-1　六面投影图投影方向

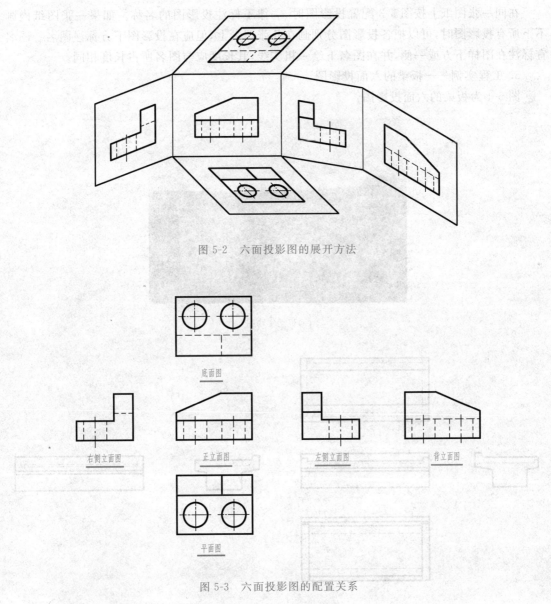

图 5-2　六面投影图的展开方法

图 5-3　六面投影图的配置关系

背立面图(背面图)——由后向前投影所得的投影图;

底面图——由下向上投影所得的投影图。

3. 六面投影图的投影关系

(1)六面投影图仍遵循投影规律:正、背、平、底面图"长对正";正、左、背、右面图"高平齐";左、右、平、底面图"宽相等"。

(2)六面投影图的方位对应关系,除背面图外,其他投影图"远离正面图"的一侧,均表示形体的前面部分。

(3)六面投影图存在对称关系:正、背面图对称;平、底面图对称;左、右侧面图对称。由于投影方向相反,图中投影线的可见性有区别。

4. 六面投影图的标记

在同一张图纸上按图 5-3 配置投影图时,一律不标注投影图的名称。如果一张图纸内画不下所有投影图时,可以把各投影图分别画在几张图纸上,但应在投影图下方标注图名。图名宜标注在图样下方或一侧,并在图名下绘一粗实线,其长度应与图名所占长度相同。

5. 工程实例——板梁的六面投影图

图 5-4 为板梁的六面投影图。

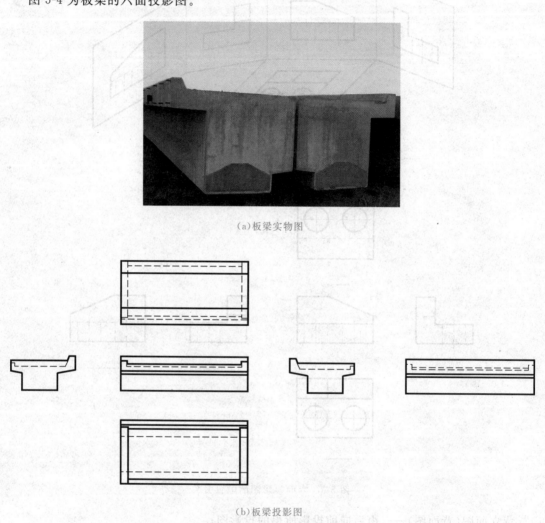

(a)板梁实物图

(b)板梁投影图

图 5-4　板梁的六面投影图

5.1.2　向 视 图

将形体由前、后、左、右、上、下 6 个方向,向 6 个基本投影面进行正投影,把得到的任一投影图自由配置在图纸的适当位置,称为向视图。

画图时,在向视图上方标注出视图名称"×"("×"为大写拉丁字母,如图 5-5 中的 C、D、B、E 和 F),在相应视图的附近用箭头指明投影方向,并标注对应的字母。图 5-5 是将图 5-3 中形体的平面图、左面图、右面图、底面图、背面图等五个投影图画成 B、C、D、E、F 五个方向的向视图。

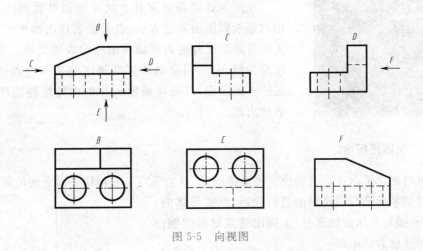

图 5-5 向视图

5.1.3 展 开 图

形体的立面部分倾斜相交,有与投影面不平行的形状(如圆形、折线形、曲线形等)时,可将立面部分沿各自投影方向进行正投影,再把投影图绕立面交线旋转至同一面,这样得到的投影图称为展开图。图名后注写"展开"字样,如图 5-6 所示。

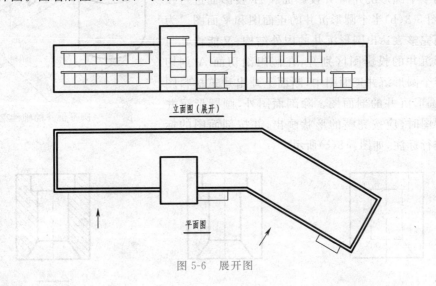

立面图(展开)

平面图

图 5-6 展开图

• 巩固提高 •

做课后思考题 1 及习题集 5.1.1 。

5.2 剖 面 图

• 学习目标 •

掌握剖面图的分类和画法,能绘制简单铁路工程建筑物和构筑物的剖面图,并作正确标注。

左图为铁路圆形沉井。从外侧很难看到内部结构,使用六面投影图的表达方法,也只能表达出圆形沉井的外观,无法将圆形沉井的内部结构清晰的表达出来。本节以圆形沉井为例,引入国家制图标准规定的又一种表达形体的方法——剖面图,以便将圆形沉井的内外结构清晰而完整的表达出来。

5.2.1　剖面图概念

用假想的剖切平面在适当的位置将形体剖开,移去观察者和剖切平面之间的部分,将剩余部分向和剖切平面平行的投影面进行投影,并在形体的断面(剖切平面与形体接触部分)上画出建筑材料图例,所得到的图形称为剖面图。

图 5-7 是圆形沉井的轴测剖面图,内部结构复杂。图 5-8(a)是圆形沉井的投影图,在正面图和平面图中出现的虚线较多,影响图示效果,也不便于标注尺寸。用一个假想的正平面 A 作为剖切面,将圆形沉井剖开,暴露出内部结构,移去观察者和剖切平面 A 之间的部分,将剩余的半个圆形沉井向 V 投影面和 H 投影面进行投影,得到图 5-8(b)半个圆形沉井的正面图和平面图。为了清晰而完整表达出圆形沉井的内外结构,又能将其与半个圆形沉井的投影图区别开,在假想剖切面 A 剖切得到的半个圆形沉井正面图中,断面上画出建筑材料图例,得到圆形沉井的剖面图。除剖面图外,画圆形沉井其他投影图时,应按完整的形状画出,并按剖面图的标注规定进行标注,如图 5-8(c)所示。

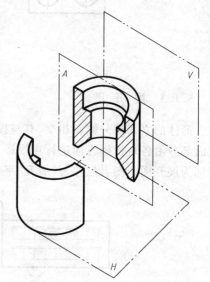

图 5-7　圆形沉井的轴测剖面图

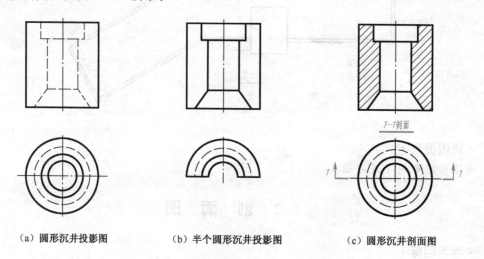

(a) 圆形沉井投影图　　(b) 半个圆形沉井投影图　　(c) 圆形沉井剖面图

图 5-8　剖面图的形成

5.2.2　剖面图的画法及标记

1. 剖面图的画法

(1)剖切面为投影面的平行面,图 5-7 中的剖切面 A 为正平面。剖面图主要用来表达内部复杂(如有孔、洞、槽等结构)的形体结构,应尽量使剖切面通过形体的对称面或通过形体的孔、洞、槽等结构的中心进行剖切。

(2)剖面图需画出剖切后剩余形体的可见部分,不得遗漏。已表达清楚的结构,虚线可省略。剖面图为假想剖切得到的,其他投影图应完整画出。图 5-8(c)表示出圆形沉井被剖切面 A 剖切后剩余部分的可见投影,而平面图保持完整。

(3)断面上应画出建筑材料图例,如图 5-8(c)所示。在剖面图中画建筑材料图例的部分即为断面,为剖切到的实体部分,无图例处为剖空的部分,如孔、洞、槽等结构。

常用建筑材料图例见表 5-1。

表 5-1　常用建筑材料图例

名称	自然土壤	夯实土壤	砂灰土	砂砾石碎砖三合土	天然石材
图例					

名称	毛石	普通砖	耐火砖	空心砖	混凝土
图例					

名称	钢筋混凝土	木材	金属	防水材料	粉刷
图例					

2. 剖面图的标记

剖面图的标注主要包括剖切位置、投影方向及编号三部分内容,如图 5-8(c)所示。

(1)剖切位置线实质上是剖切面的积聚投影,用长为 6～10 mm 的粗实线绘制,尽量不穿越其他图线。

(2)表示投影方向的剖视方向线垂直于剖切位置线,用单边箭头绘制。

(3)编号将剖切位置与在该剖切位置得到的剖面图一一对应,编号宜用阿拉伯数字水平书写在剖视方向线的端部,并在相应的剖面图上注出"×—×剖面"字样,"剖面"二字也可省略。

在剖切断面上画图例和剖面图的特有标记,这两点是识读剖面图,以及识别剖面图与其他投影图的主要依据。

5.2.3　常用剖切方法

1. 用一个剖切平面剖切

（1）全剖面图

用一个剖切面把形体完全剖开得到的剖面图称全剖面图。图 5-8(c)中的"1-1 剖面"为圆形沉井的全剖面图。

图 5-9 中的"1-1"为 U 形桥台全剖面图。

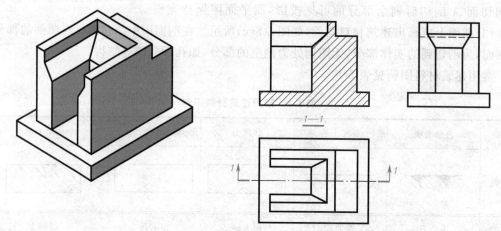

图 5-9　U 形桥台全剖面图

（2）半剖面图

对称结构的形体,剖面图只需沿对称线画一半即可,其他画法及标记同全剖面图。剖面部分一般画在形体的右半部分和前半部分。图 5-10 中的"1-1"为杯形基础半剖面图,也可标注为"半正面及半 1-1 剖面"。

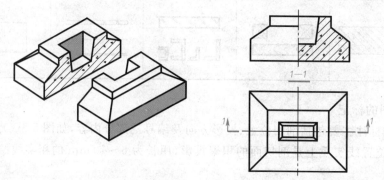

图 5-10　杯形基础半剖面图

（3）局部剖切剖面图

为了表达形体内部形状的某一部分,用剖切面剖开形体的局部得到的剖面图,称为局部剖切剖面图。图 5-11 为瓦筒的局部剖切剖面图。局部剖切剖面图以波浪线作为分界线,直接在形体的投影图上画出,断面处画上图例,无需标记。

2. 用两个或两个以上剖切平面剖切

（1）分层剖切剖面图

为了表达建筑形体局部的构造层次,用两个或两个以上相互平行的剖切平面按构造层次将形体逐层局部剖开,这样得到的剖面图称为分层剖切剖面图,如图 5-12 所示。分层剖切剖面图以波浪线作为分界线,直接在形体的投影图上画出,不同断面处画上对应图例,无需标记。

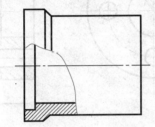

图 5-11　瓦筒局部剖切剖面图

图 5-12　分层剖切剖面图

（2）阶梯剖面图

形体的孔、洞、槽等结构无法用一个剖切面同时将其切开时,可采用两个或两个以上相互平行的剖切面将其剖开,再沿各自投影方向投影至同一投影面上,这样得到的剖面图称为阶梯剖面图,如图 5-13 所示。

由一个剖切面到另一个剖切面必然会有转折,通常要求在转折的外侧加注相同的编号,而在相应的剖面图中不画出转折处棱的投影,并和其他剖切画法一样,要在剖面图的下方注写剖面图名称,如图 5-13 所示。

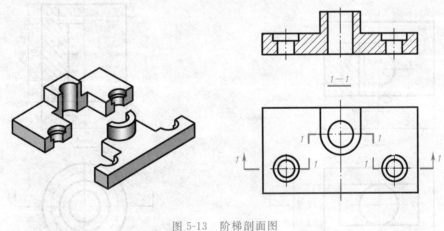

图 5-13　阶梯剖面图

（3）旋转剖面图

需要表达的形体结构无法用一个剖切面同时将其切开时,可采用两个或两个以上相交的剖切面将其剖开,剖开后的剩余部分沿各自投影方向进行正投影,然后将投影图绕剖切面交线旋转至同一面,这样得到的剖面图称为旋转剖面图,如图 5-14 所示。

5.2.4　剖面图的尺寸标注

形体剖面图的尺寸标注与投影图的尺寸标注遵守的方法和规则相同。在具有对称结构的形体半剖面图中标注尺寸时要注意以下几点:

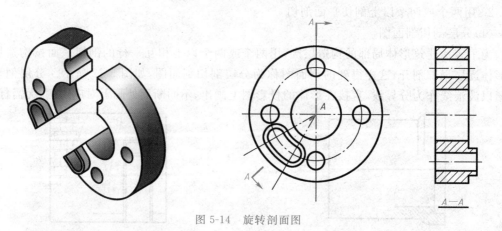

图 5-14　旋转剖面图

(1)注写尺寸处的图例线应断开;

(2)对称结构一般标注全长尺寸。

对称结构在半剖面图中,有些部分只能表示出全形的一半,标注线性尺寸时,可画出一端尺寸界线,尺寸线略超过对称线或中心线,尺寸注其全长,如图 5-15 中的圆直径尺寸"φ100"的线性标法;也可按"二分之全长"的形式标注一半尺寸,如尺寸"200/2"。圆按直径标注,尺寸线过半,如圆直径尺寸"φ80"。

圆形沉井半剖面图的尺寸标注如图 5-16 所示。

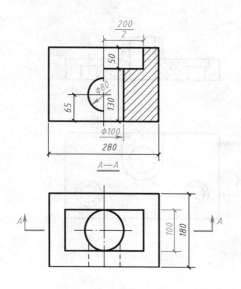

图 5-15　剖面图的尺寸标注

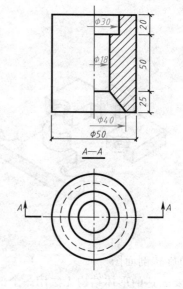

图 5-16　圆形沉井的半剖面图的尺寸标注

· 巩固提高 ·

做课后思考题 2、5 及习题集 5.2.1、5.2.2、5.2.3。

5.3　断　面　图

· 学习目标 ·

掌握断面图的分类和画法,能绘制简单铁路工程建筑物和构筑物的断面图,并作正确标注。

在工程实际中,钢筋混凝土梁的横断面形状有多种形式。左图为铁路钢筋混凝土 T 形梁,除可以用剖面图的画法画出梁的横剖面形状外,还可以用本节介绍的断面图的画法画出梁的横断面形状,断面图可以较方便的表示出梁的横断面形式。

5.3.1　断面图的基本概念

用剖切面 3 剖切图 5-17 工字梁可得到 3-3 剖面图。3-3 剖面图是保留工字梁右半部分,从左向右投影得到的,需画出断面及其他的可见部分,断面处画上图例。用假想剖切面将物体的某处切断,仅画出该剖切面与物体接触部分的断面图形,并在断面处画上建筑材料图例称为断面图。用剖切面 1 和剖切面 2 剖切图 5-17 工字梁可得到 1-1 断面图和 2-2 断面图。

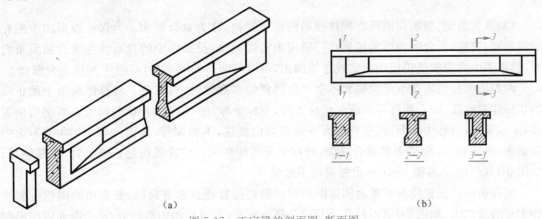

(a)　　　　　　　　　　　　　　　　(b)

图 5-17　工字梁的剖面图、断面图

剖面图需画出断面和其他可见部分,断面图只画出断面。剖切面通过回转中心轴时,回转结构按剖视画全,如图 5-18 所示。

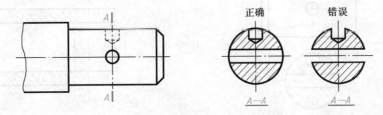

图 5-18　回转结构断面图的画法

剖面图的标记包括:剖切位置线、投影方向线、编号三部分内容。断面图的标记包括:剖切位置线、编号两部分内容,无投影方向线,编号位置代替投影方向。

断面图一般用来表达长条形构件(如梁、柱、轴等)的断面形状。

5.3.2 几种常见断面图的画法

(1)移出断面:将断面图画在投影图轮廓线外的适当位置,称为移出断面。移出断面可画在剖切位置线的延长线上,也可画在投影图的一端。如图 5-19(a)的 T 形梁 1-1 移出断面和 2-2 移出断面。

(2)中断断面:将断面图画在物体的中断处,称为中断断面。如图 5-19(b)的 T 形梁中断断面。

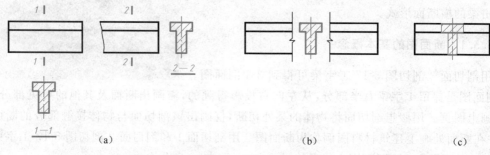

图 5-19 T 形梁的移出断面、中断断面、重合断面

(3)重合断面:将断面图画在物体投影的轮廓线内,称为重合断面。为保证投影图中的轮廓线清晰、完整,重合断面图的轮廓线一般用细实线画出,投影图中的轮廓线与重合断面重叠时,投影图中的轮廓线仍应用粗实线连续画出,不可间断。如图 5-19(c)的 T 形梁重合断面。

断面图的标记不至引起误解和不会产生理解的多意性时,可省略。对称断面图中的正对剖切形体对称线、中心线时可不画剖切位置线,不标编号,图 5-20 的移出断面可不画剖切位置线,不标编号;对称中断断面、重合断面不画剖切位置线,不标编号,如图 5-19(b)的 T 形梁中断断面,图 5-19(c)的 T 形梁重合断面;对称断面图画在剖切位置线的延长线上时,不标编号,如图 5-19(a)的 T 形梁 1-1 移出断面可不标编号。

当断面图的配置位置不能表明该断面图的剖切位置或投影方向时,断面图的剖切位置线和编号均要注出,如图 5-19(a)的 T 形梁 2-2 移出断面;不对称的中断断面、重合断面需注出剖切位置线和编号,如图 5-21 所示。

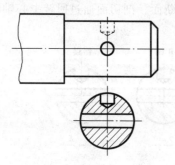

图 5-20 断面图的省略标记

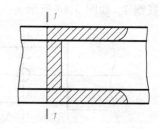

图 5-21 不对称构件重合断面的标记

・巩固提高・

做课后思考题 3、4、6 及习题集 5.3.1、5.3.2。

5.4　其他表达方法

・学习目标・

掌握铁路工程建(构)筑物设计图纸中的详图画法和简化画法。

5.4.1　详图画法

当形体某一局部形状较小,投影图不够清楚或不便于标注尺寸时,可用比原图大的比例,将该局部单独画出,工程上称为详图。详图可画成投影图、剖面图、断面图。

详图的标记包括详图符号、详图比例、对应的原图索引符号三部分内容。详图符号圆的直径为 14 mm,用粗实线绘制。详图符号和详图比例一般注写在详图下方。索引符号圆的直径为 10 mm,从原图对应处用引线引出,用细实线绘制。详图符号和索引符号的编写规定见表 5-2。

详图的画法和标记示例如图 7-31 钢筋混凝土梁概图所示。

表 5-2　详图符号和索引符号

名　　称	符　　号	说　　明
详图符号	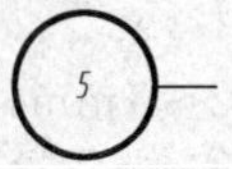 ⑤—— 详图的编号	被索引的图样在同一张图纸内
	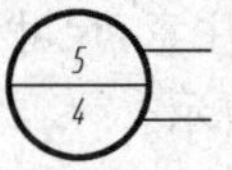 ⑤/④ —— 详图的编号／被索引的图样的编号	被索引的图样不在同一张图纸内
索引符号	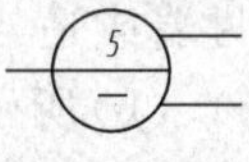 ⑤/— —— 详图的编号／详图在本张图样上	详图在同一张图纸内
	—⑤/— —— 详图的编号／剖视详图在本张图样上	
	⑤/④ —— 详图的编号／详图所在的图样编号	详图不在同一张图纸内
	—⑤/④ —— 局部剖视详图的编号／剖视详图所在的图样编号	
	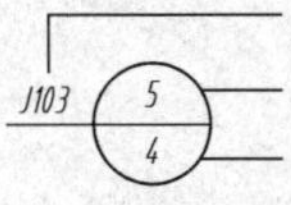 J103 ⑤/④ —— 标准图册编号／标准详图编号／详图所在的图样编号	采用标准图集

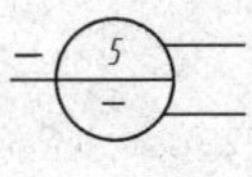

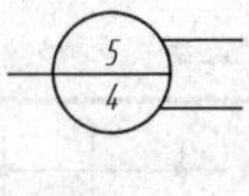

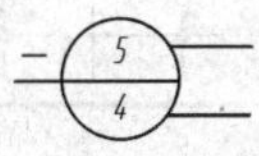

5.4.2　简化画法

为提高识图和绘图效率,增加图样的清晰度,简化手工绘图和计算机绘图对工程图样的要求,国家标准规定了工程图样的简化画法。工程图样简化的前提是不至引起误解和不会产生理解的多意性。

1. 对称简化画法

形体对称时,允许以对称线或中心线为界,只画出投影图的一半或四分之一,并在对称线或中心线上画出对称符号,如图 5-22(a)、(b)所示。也可根据投影图需要略超出对称线或中心线少许,此时,不宜画对称符号,如图 5-22(c)所示。

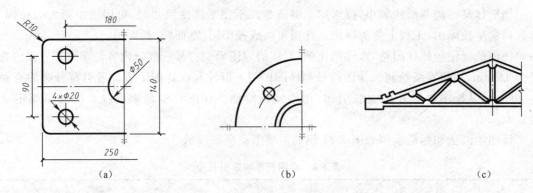

（a）　　　　　　　　　　　（b）　　　　　　　　　　　（c）

图 5-22　对称简化画法及其尺寸标注

对称符号是两条平行等长的细实线,线段长为 6～10 mm,间距为 2～3 mm,在对称线或中心线两端各画一对。

对称结构的图形只画出全形的一半或略大于一半时,标注尺寸应注意:尺寸线略超过中心线或断裂处的边界,画出一端尺寸界线,尺寸注其全长,如图 5-22(a)所示。

2. 相同要素简化画法

当形体内有多个完全相同且连续排列的结构要素时,可只在两端或适当位置画出其完整形状,其余部分只需用中心线或中心线交点定位,如图 5-23(a)、(b)所示。若相同结构要素少于中心线交点,则其余部分应在相同结构要素位置的中心线交点处用小圆点表示,如图 5-23(c)所示。

标注尺寸时只需在一个要素上注清楚其数量和尺寸,如图 5-23 所示。

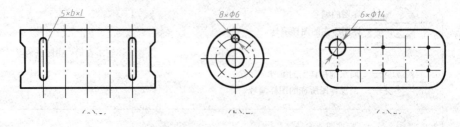

图 5-23　相同要素简化画法

3. 折断画法

当形体较长,且沿长度方向的断面形状相同或按一定规律变化时,可断开省略绘制。断开处以折断线表示,如图 5-24 所示,标注尺寸时仍需按形体的全长标注。

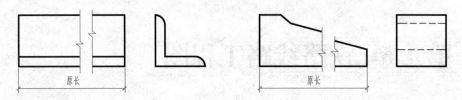

图 5-24 折断画法

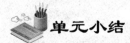

·巩固提高·

做课后思考题 7 及习题集 5.4.1。

单元小结

本单元主要介绍了工程形体的表达方法,主要内容有:六面投影图和向视图的形成、画法;剖面图和断面图的形成、画法及标注;详图的画法、标注以及常用简化画法的规定等。

表达形体时,首先要分析其结构特点,即形体的内部和外部、整体和局部等关系,然后综合考虑,灵活、简捷的选择和运用投影图、剖面图、断面图等表达方法,把形体完整、清晰、简捷的表达出来。

课后思考题

1. 形体的六面投影图的投影方向分别是什么? 六面投影图之间有什么关系?
2. 什么是剖面图? 剖面图如何标注?
3. 什么是断面图? 断面图如何标注?
4. 断面图与剖面图的主要区别是什么?
5. 常用的剖面图有哪几种?
6. 常用的断面图有哪几种?
7. 常用的简化画法有哪几种?

单元6 铁路线路工程图

【知识目标】

1. 了解《铁路工程制图标准》(TB/T 10058—2015)、《铁路工程制图图形符号标准》(TB/T 10059—2015)对铁路线路工程图的相关规定;

2. 掌握铁路线路工程图的表达方式。

【能力目标】

1. 能掌握《铁路工程制图标准》(TB/T 10058—2015)、《铁路工程制图图形符号标准》(TB/T 10059—2015)在铁路线路工程图中的应用;

2. 能正确识读线路平面图、纵断面图和路基横断面图。

【课外知识拓展】

京沪高速铁路

京沪高速铁路是《中长期铁路网规划》中投资规模最大、技术含量最高的一项工程,也是我国第一条具有世界先进水平的高速铁路,正线全长约 1 318 km,与既有京沪铁路的走向大体并行,全线为新建双线,基础设施设计时速 380 km,目前运营时速 300 km。共设置 23 个客运车站。2008 年 4 月正式开工 2011 年 6 月投入运营。

京沪高速铁路位于中国东部地区的华北和华东地区,两端连接环渤海和长江三角洲两个经济区域,全线纵贯北京、天津、上海三大直辖市和河北、山东、安徽、江苏四省。所经区域面积占国土面积的 6.5%,人口占全国总人口的 26.7%,人口 100 万以上城市 11 个,国内生产总值占全国的 43.3%,是我国经济发展最活跃和最具潜力的地区,也是中国客货运输最繁忙、增长潜力巨大的交通走廊。沿线以平原为主,局部为低山丘陵区,经过海河、黄河、淮河、长江四大水系。

【新课导入】

铁路线路是机车车辆和列车运行的基础。它的基本组成包括车站、路基、桥梁、隧道、涵洞、防护工程、排水设施和轨道等。本单元主要介绍线路平面图、纵断面图和路基横断面图,并着重强调其识读方法。

在铁路线路工程图中,一条铁路是以横断面上距外轨半个轨距的铅垂线 AB 与路肩水平线 CD 的交点 O 在纵向的连线来表示的。如图 6-1 所示,O 点的纵向连线就是铁路的中心线,也称线路的中线。

线路的空间位置是用线路的中心线在水平面及铅垂面的投影来表示的。线路中心线在水平面上的投影,叫作铁路线路的平面图;线路中心线在竖直面上的投影,叫作铁路线路的纵断面图。由于地形、地物和地质条件的限制,在平面上线路中线由直线和曲线段组成,在纵断面上线路中线由平坡、上坡、下坡和竖曲线组成。因此,从整体上看,线路中线是一条曲直起伏的空间曲线。因为线路建筑在大地表面狭长的地带上，其平面弯曲和竖向的起伏变化都与地面形状紧密相关，所以线路工程图的图示特点为：以地形图为平面图，以纵向展开断面图作为立面图，以路基横断面为侧面图，并分别画在单独的图纸上。线路平面图、线路纵断面图、路基横断面图综合起来可以表达线路的空间位置、线型和尺寸。

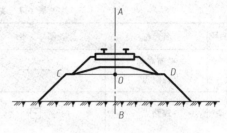

图 6-1　线路中心

线路平面图和纵断面图是铁路设计的基本文件，在不同的设计阶段，由于要求不同，用途不同，因而图的内容、格式和详细程度也不同，各设计阶段的线路平面图、纵断面图的式样和内容详见壹线(85)—0006《铁路线路图式》。现从教学需要出发，以详细图示为例，来说明线路平面图、纵断面图和路基横断面图的图示特点和图示内容。

6.1　基本标准图形、符号

• 学习目标 •

熟悉铁路工程图中的相关图形、符号，并学会查找相关标准或规范。

在线路工程图样中，常以简易又形象的图形、符号来表示相关内容。这些相关内容包括沿线布置的导线点、桥梁、隧道、涵洞等，线路周围一定范围内的地物、地貌(如房屋、河流等)，沿线的地质概况等。在学习线路平面图、纵断面图、路基横断面图之前，先认识一下将来在学习过程中可能遇到的图形和符号，了解这些图形和符号的意义。

为统一铁路工程制图，提高制图质量和识图效率，便于技术交流，交通部国家铁路局制定了《铁路工程制图标准》和《铁路工程图形符号标准》，现就识读铁路线路工程图需要，选摘部分相关标准及图形符号。

【课外知识拓展】

青藏铁路简介

青藏铁路是世界上海拔最高、线路最长的高原铁路。由青海省西宁市至西藏自治区拉萨市，全长 1956 km。其中，西宁至格尔木段长 814 km，1979 年建成铺通，1984 年投入运营。新建的格拉段，位于青藏高原腹地，跨越青海、西藏两省区，线路北起青海省西部重镇格尔木市，途经纳赤台、五道梁、沱沱河、雁石坪，翻越唐古拉山进入西藏自治区境内后，经安多、那曲、当雄至西藏自治区首府拉萨市，全长 1142 km；位于多年冻土区线路长 547 km，占全长的 48%；海拔 4000 m 以上线路长 960 km，占全长的 84%；最高处唐古拉山车站海拔 5072 m。低压、低温、缺氧、日温差大、强紫外线、高原冻土、大风沙、多雨雪和频繁雷暴等特点造成了沿线气候环境恶劣、生态环境脆弱，一向被认定为铁路禁区。

6.1.1　线路平面图形符号

线路平面图形符号见表 6-1。

表 6-1　线路平面图常用图形符号

序号	名 称	图 例	序号	名 称	图 例
1	平面高程控制点		11	既有铁路标准轨单线	
				既有铁路标准轨双线	
2	线路点			既有电气化线	
3	铁路水准点			标准轨距铁路设计线	
4	导线点		12	断链标： B—百米标 S—两百米标间长度 以短链为例： 5＝DK5+500 短链32.7 m 67.3 DIK5+467.3 m 4	S B　　　B
5	CPⅠ、CPⅡ点				
6	河流				
7	高压电线 低压电线		13	隧道	既有
					设计
8	房屋		14	涵洞	既有
9	特大桥、大桥、中桥	既有			改建
		设计	15	平交道口	既有有看守
10	小桥	既有			设计
		改建			

6.1.2　线路纵断面、路基横断面图形符号

线路纵断面、路基横断面图形符号见表 6-2。

表 6-2 线路纵断面图常用图形符号

序号	名 称		图 形 符 号	序号	名 称		图 形 符 号
1	断链标			8	路堑	既有	
2	既有或新建铁路近期开放站					设计	
3	特大桥、大桥、中桥	上承式		9	半堤半堑	既有	
		下承式				设计	
4	平面曲线	有缓和曲线无缓和曲线		10	洞顶仰坡		
5	平交道口（有看守）			11	明洞		
6	立体交叉	铁路上跨公路	 路面(桥面)高程×××.××m	12	隧道		
		铁路下穿公路	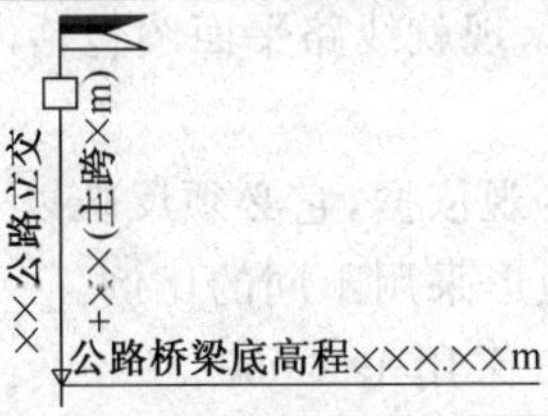 ××公路立交 ×××+×××(主跨×m) 公路桥梁底高程×××.××m	13	棚洞		
7	路堤	既有		14	大避车洞	既有	
		设计				设计	

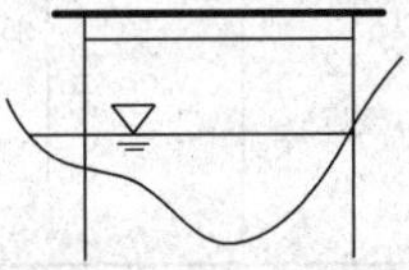

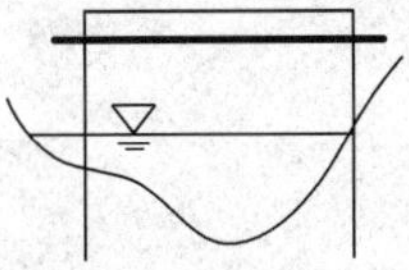

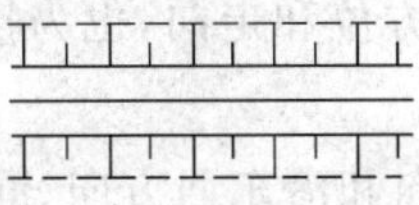

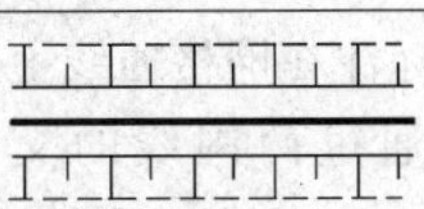

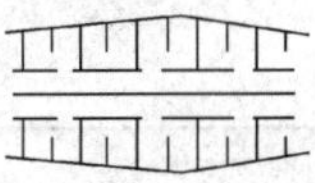

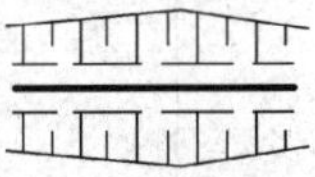

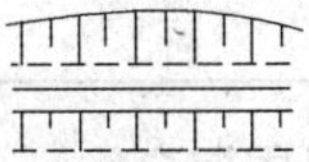

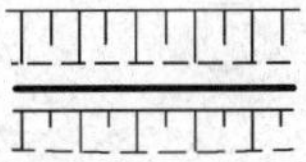

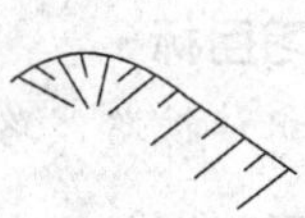

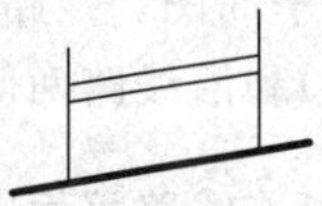

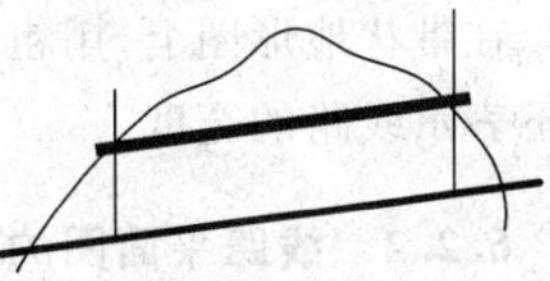

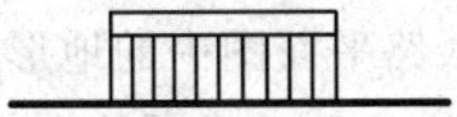

6.1.3 常用标注符号

常用标注符号见表6-3。

表6-3　常用标注符号

名　称	图　形　符　号	名　称	图　形　符　号
索引符号	图册的编号　详图的编号 详图所在图纸的图纸号 10 mm	高程符号	注写高程　45°　2～3 mm

· 巩固提高 ·

熟悉常用的图形、符号,学会查找相关规范。

6.2　线路平面图

· 学习目标 ·

正确识读铁路线路平面图。

线路平面图是指在绘有初测导线和坐标网的大比例带状地形图上绘出线路平面和标出相关资料的平面图。线路平面图主要用于表示线路的位置、走向、长度、平面线型(直线和左、右弯道曲线)和沿线路两侧一定范围内的地形、地物情况以及结构物的平面位置。

6.2.1　线路平面图的图示特点

在带状地形图上,用粗实线画出设计线路中心线,以此表示线路的水平状况及长度里程,但不表示线路的宽度。

6.2.2　线路平面图的基本内容

图6-2为新建铁路技术设计线路平面图的图示,现就线路平面图包括内容说明如下。

1. 地形部分

线路平面图中的地形部分是线路布线设计的客观依据,它必须反映以下内容:

(1)比例。为了使图样表达清晰合理,不同的地形采用不同的比例。一般在山岭地区采用1:2 000,在丘陵和平原地区采用1:5 000。如图6-2采用1:2 000。

(2)指北针和坐标网。为了表示线路所在地区的方位和走向,也为拼接图纸时提供核对依据,地形图上应画出指北针或坐标网。

图6-2采用的坐标网即测量坐标网,用沿南北方向和沿东西方向、间距相等的两组平行细实线构成互相垂直的方格网(即网格通线),坐标数值标注在网格通线上,且字头朝数值增大方向,数值单位是m。通过坐标值表示网线的位置,通过两网线的交点确定点的位置。如

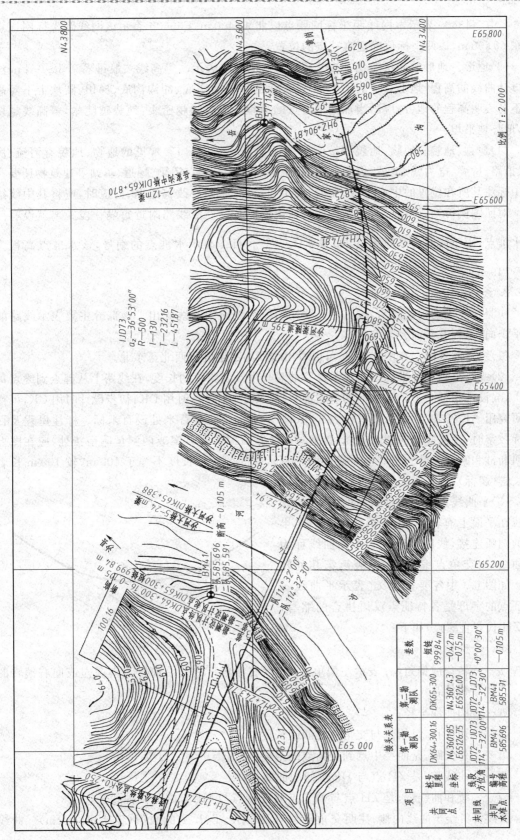

图 6-2　线路平面图

图 6-2 中 N43400 表示本网线距坐标网原点以北 43 400 m，E65600 表示该网线距坐标网原点以东 65 600 m，该两坐标值确定唯一点的位置。

（3）地形。地形的起伏变化及变化程度用等高线来表示。等高线一般每隔 0.3～0.4 m 注一排计曲线的高程，地形点一般不绘，但在陡崖的崖顶及崖底、冲沟沟底、梯田、陡坎上下等高线不易表明高程的地方，应适当加注地形点的高程。等高线越密集，地势越陡峭，等高线越稀疏，地势越平坦。

（4）地物、地貌。地物、地貌用统一的图例来表示（表 6-1）。常见的地物、地貌有河流、房屋、道路、桥梁、电力线、植被、供测量用的导线点、水准点等。桥梁、隧道、车站等建筑物还要在图中标注其所在位置的中心里程、类型、大小和长度等，如有改移道路、河道时，应将其中线绘出。对照图例可知，该地区有一条沙河从西南流向东北。沿线路附近每隔一段距离就设有一个水准点，用于线路的高程测量，如 $\bigotimes \dfrac{\text{BM41-1}}{577.149}$，41-1 表示水准点的编号，该水准点高程为 577.149 m。

2. 线路部分

初测导线用细折线表示，线路中心线用粗线沿线路中心线画出。该部分主要表示线路的水平走向、里程及平面要素等内容。

（1）线路的走向。在图 6-2 中，可以看出该线路的走向为西北至东北。

（2）线路里程和百米标。为表示线路的总长度及各路段的长度，在线路上从起点到终点每隔 1 km 设千米标一个。千米标的里程前要标 DK（施工设计时用 DK，初步设计时用 CK，可行性研究用 AK）。如 DK64，即里程为 64 km。千米标中间整百米处设百米标。标注里程及百米标数字时，字头应朝向图纸左侧，数字写在线路右侧。两方案或两测量队衔接处，应在图上注明断链和断高关系。当产生断链时两个百米标间的实际长度不等于 100 m，较 100 m 长者为长链（超标），较 100 m 短者为短链（欠标）。

（3）平曲线。由于受自然条件的限制，铁路线在平面上有转折，在转折处需用一定半径的圆弧连接，线路转弯处的平面曲线称为平曲线，用交角点编号"JD_x"表示第几处转弯。如图 6-3 中各要素意义（表示平曲线各特征点的字母是各特征点汉语拼音的缩写，如 ZH 代表直缓点）如下：

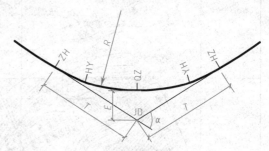

图 6-3　平曲线要素

JD——交角点；

α——转角或偏角（α_z 表示左偏角，α_y 表示右偏角），它是沿前进方向向左或向右偏转的角度；

R——圆曲线半径；

T——切线长，是切点与交角点之间的长度；

E——外矢距，是曲线中点到交角点的距离；

L——曲线长，是 ZH 点与 HZ 点间的曲线长；

l——缓和曲线长，是 ZH 点与 HY 点或 YH 点与 HZ 点之间的曲线长。

曲线资料绘于曲线内侧，注明交角点编号及 α、R、T、L、l 的数值（T、L 取至 cm）。曲线起终点和圆缓点、缓圆点的里程垂直线路书写在曲线内侧,一般只标加桩里程。

(4)接头关系表。在两勘测单位施工测量衔接处,绘制接头关系表,表明衔接关系。图6-2中的两勘测队接头处出现断链、断高现象,短链999.84 m,断高-0.105 m。

值得注意的是,由于铁路线路很长,不可能将整个路线平面图画在同一张图纸内,通常需在相应里程桩处断开。相邻图纸拼接时,应将线路中心对齐,接图线重合,并以正北方向为准。

· 巩固提高 ·

做课后思考题1、2及习题集6.2.1。

6.3 线路纵断面图

· 学习目标 ·

正确识读线路纵断面图。

线路纵断面图是根据定测中线桩的地面标高和勘探取得的地质水文等资料,用一定的比例,把线路中心线展开后在铅垂面上的投影。它表示线路路肩标高在铅垂面上的具体位置。

由于线路中心线由直线和曲线所组成,因此用于剖切的铅垂面既有平面又有柱面。为了清晰地表达线路纵断面情况,特采用展开的方法将断面展开成一平面,然后进行投影,形成了线路纵断面图,其作用是表达线路中心处的地面起伏情况、地质状况、线路纵向设计坡度、竖曲线以及沿线构造物情况。

图6-4为新建铁路技术设计线路详细纵断面图的图示,现就线路纵断面图的图示特点和图示内容说明如下。

6.3.1 线路纵断面图的图示特点

线路纵断面图的水平横向表示线路的里程,竖直纵向表示地面线、设计线的标高,为清晰地显示出地面线起伏和设计线纵向坡度的变化情况,竖向比例应比横向比例放大10倍或更大。

线路纵断面图包括图样和资料表两部分,一般图样位于图纸的上部,资料表布置在图纸的下部,且二者应严格对正。

6.3.2 线路纵断面图的图示内容

1. 图样部分

(1)比例。横向1:10 000,竖向1:500或1:1 000。为便于画图和读图,一般应在纵断面图的左侧按竖向比例画出高程标尺。

(2)地面线。图中用细实线画出的折线表示设计中心线处的地面线,是由一系列的中心桩的地面高程顺次连接而成的。

(3)设计线。图中的粗实线为线路的设计坡度线,简称设计线,由直线段和竖曲线组成。它是根据地形起伏、按相应的线路工程技术标准而确定的。

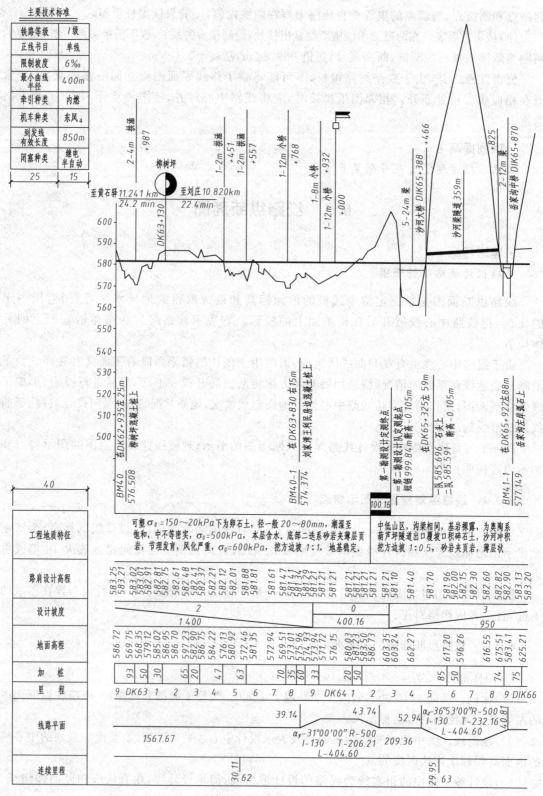

图 6-4 线路详细纵断面图

（4）竖曲线。设计线的纵向坡度变更处称为变坡点。在变坡点处,为确保行车的安全和平顺而设置的竖向圆弧称为竖曲线。竖曲线的设置情况如图 6-5 所示。

2. 资料表部分

为便于对照阅读,资料表与图样应上下对正布置,不能错位。资料表的内容可根据不同设计阶段和不同线路等级的要求而增减,通常包括下述内容:

（1）工程地质特征。按沿线工程地质条件分段,简要说明地形、地貌、地层岩性、地

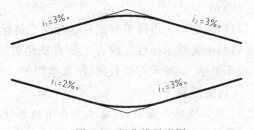

图 6-5　竖曲线示意图

质构造、不良地质挖方边坡率、路基承载能力、隧道围岩分类和主要处理措施。

（2）路肩的设计高程。设计线上各点的高程是指路肩设计高程。比较设计线与地面线的相对位置,可确定填、挖地段和填、挖高度。

（3）设计坡度。坡度一般为整数,在坡度减缓地段及困难地段可以用至一位小数。坡长只在有超欠标处才允许用零数。如图 6-4 中所示有三坡段(本图中只有第二坡段绘出了全长),第一段坡长 1400 m,坡度为 2‰,第二段坡度为 0,坡长为 400.16 m,第三段坡度为 3‰,坡长为 950 m。其中第二段出现断链,为短链 999.84 m。

（4）地面高程。地面高程应根据实测标至 cm,各百米标、加桩处均应填写地面高程。

（5）加桩。在线路整桩号之间,需要在线形或地形变化处、沿线构造物的中心或起终点处加设中桩,加设的中桩称为加桩。一般地,对于平、竖曲线的各特征点,水准点,桥、涵、隧、车站的中心点以及地形突变点,需增设桩号。加桩处应标出至前一百米标的距离。当两百米标间的距离不等于 100 m 时,以断链标表示。图 6-4 中有一断链标,表示其所对应的两百米标之间实际长度是 100.16 m。

（6）里程。千米标和百米标。当出现断链标时,百米标位置不变。

（7）线路平面。该栏是线路平面图的示意图。线路直线段用画在该栏中间的水平细实线"———"表示,向左或向右转弯的曲线段分别用下凹"⌐‾‾‾⌐""⌐‾‾‾⌐"或上凸"⌐‾‾‾⌐""⌐‾‾‾⌐"的细实线折线来表示,其中前者表示不设缓和曲线,后者表示设置缓和曲线。如图 6-4 中显示有两段平面曲线,第一段曲线含有缓和曲线,其曲线要素为 $α_y = 31°00'00''$, $R = 500$ m, $L = 404.60$ m, $l = 130$ m, $T = 206.21$ m,该曲线起点距前一百米标 39.14 m,终点距前一百米标 43.74 m。两段曲线间所夹直线长 209.36 m。

（8）连续里程。贯通线路全长的累计里程,一般以线路起点车站中心的零点里程作起算的累计里程。在整千米处标注里程,并注出与相应百米标间的距离。如图 6-4 中连续里程栏中的 62、63 为距离零点 62 km、63 km,其中,62 km 处距离前一百米标 30.11 m。

（9）沿线构造物。铁路沿线如设有桥梁、涵洞,应在其相应设置里程和高程处,按表 6-2 所示图例绘制并注明构造物名称、种类、大小和中心里程桩号,大、中桥还需标注设计水位。隧道中心处标注隧道名称、长度,进出口处需标注加桩。车站处注明站名、中心里程、与相邻车站的距离及往返走行时间。图 6-4 中柳树坪站中心里程 DK63+130,与黄石驿站的距离为 11.241 km,走行时间为 24.2 min,与刘庄站的距离为 10.820 km,走行时间为 22.4 min。

(10)水准点。沿线水准点应标注其编号、高程及位置。图 6-4 中在线路上里程为 DK62＋935 处的左边 25 m 的地方,有一编号为 40 的水准点位于柳树坪站的混凝土桩上,其高程为576.508 m。

(11)断链标。沿线若有断链应标注断链标及断链数值,并注明断高关系。

(12)主要技术标准。内容主要有铁路等级、正线数目、限制坡度、最小曲线半径、牵引种类、机车类型、到发线有效长度、闭塞类型等。

　· 巩固提高 ·

1. 结合线路平面图、线路纵断面图想象线路的空间形状。

2. 做课后思考题 3 及习题集 6.3.1。

6.4　路基横断面图

　· 学习目标 ·

了解线路路基横断面的形式,正确识读路基横断面图。

通过线路中心桩假设用一垂直于线路中心线的铅垂剖切面对线路进行横向剖切,画出该剖切面与地面的交线及其与设计路基的交线,则得到路基横断面图。其作用是表达线路各中心桩处路基横断面的形状、横向地面高低起伏状况、路基宽度、填挖高度、填挖面积等。工程上要求每一中心桩处,根据测量资料和设计要求依次画出路基横断面图,用来计算路基土石方量和作为路基施工的依据。

6.4.1　路基横断面图的形式

视设计线与地面线的相对位置不同,路基横断面图有以下几种形式:

(1)填方路基,又称路堤。设计线全部在地面线以上,如图 6-6(a)所示。

(2)挖方路基,又称路堑。设计线全部在地面线以下,如图 6-6(b)所示。

此外,随着地形横断面的不同,还有半路堤[6-6(c)]、半路堑[6-6(d)]、半堤半堑[6-6(e)]以及不填不挖[6-6(f)]的零点断面(即不填不挖路基)。

6.4.2　路基横断面图的图示特点

在路基横断面图中地面线一律用细实线表示,设计线用粗实线表示。在同一张图纸内绘制的多个路基横断面图,应按里程桩号顺序排列,从图纸的左下方开始,先由下而上,再自左向右均匀排列,如图 6-7 所示。

6.4.3　路基横断面图示内容

路基横断面图中除应绘制地面线及线路中心线、路基面、边坡和必要的台阶、侧沟、侧沟平台、路拱设计线外,还应填绘地质资料、水文资料和既有建筑物。线路中心线下应标注正线里程、填挖高度、填挖全面积或半面积,图中还应标注相应的尺寸、坡度、高程及简要说明。如图 6-8 所示,路基面宽度为 3.20＋3.35＝6.55(m),路堤边坡为 1∶1.5 和 1∶1.75 两种,路堑边坡为 1∶1,路肩高程为 120.82 m,侧沟底面宽 0.4 m、深 0.6 m,平台宽 1.0 m。该断面里程为

DK38+493,填土高度 0.55 m,填土面积 41.4 m²,挖土面积 20.2 m²。

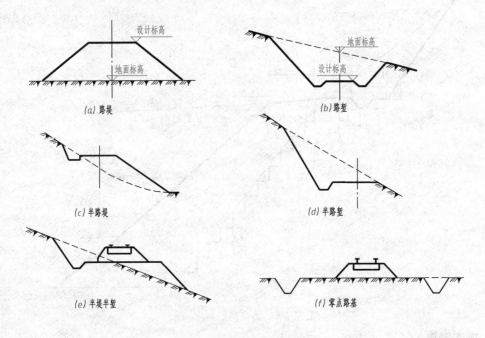

图 6-6　路基横断面类型

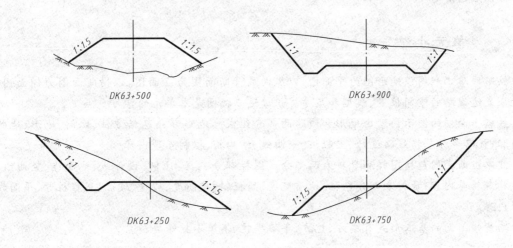

图 6-7　路基横断面图的排列

【课外知识拓展】

地面标高

绝对标高:我国在青岛设立验潮站,长期观察和记录黄海海平面的高低变化,取其平均值作为大地水准面的位置,其标高为零,以黄海海平面为基准进行测算的标高称为绝对标高。

相对标高:引用绝对标高有困难时,可采用相对标高,即采用任意假定的水准面为起算标高的基准面,这样计算出来的标高称为相对标高。

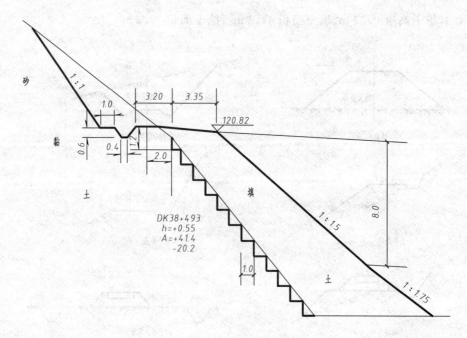

图 6-8　路基横断面图

·巩固提高·

做课后思考题 4。

 **单元小结**

铁路线路工程图以地形图为平面图,以纵向展开断面图为立面图,以横断面图为侧面图,以此来表达线路的空间位置、线型和尺寸。识读这三幅图是本单元的学习重点。

线路平面图的图示内容由地形和线路两部分组成。地形部分包括方位、比例、地形、地物等内容;线路部分包括线路设计、里程桩、平曲线、结构物、控制点等内容。

线路纵断面图包括图样和资料表两部分。图样部分包括:比例、设计线、地面线、竖曲线、沿线构筑物等内容;资料表部分包括:地质概况、高程、填挖高度、坡度、坡长、里程桩号、平面线形等内容。

路基横断面的基本形式有填方、挖方、半填半挖、不填不挖等类型。

课后思考题

1. 铁路线路工程图主要包括哪几部分图样?
2. 线路平面图主要表达了哪些内容?
3. 线路纵断面图由几部分组成,各自的绘图比例有何规定?
4. 路基横断面图主要有哪几种形式,一般在路基横断面图上需要标注哪些内容?

单元7 铁路桥梁工程图

【知识目标】

1. 了解铁路桥梁的基本组成和各组成部分的构造；
2. 了解铁路桥梁施工图的内容和表达方式；
3. 掌握铁路桥梁各组成部分施工图的基本内容和识读方法。

【能力目标】

1. 能正确识读全桥布置图、桥墩图、桥台图、桥跨结构图、桩基图；
2. 能正确识读铁路桥梁各钢筋混凝土构件的钢筋布置图。

【课外知识拓展】

桥梁知识简介

桥梁按照用途的不同可分为铁路桥、公路桥、公铁两用桥、人行桥和运水桥；按照桥梁长度不同可分为特大桥、大桥、中桥和小桥；按照桥跨结构受力基本特征不同可分为梁桥、拱桥、刚架桥、组合体系桥(如斜拉桥)、悬索桥等。

(a)梁桥和拱桥

(b)刚架桥

(c)悬索桥

(d)斜拉桥

【新课导入】

  建立四通八达的现代化铁路网,大力发展铁路运输事业,对于发展国民经济,加强全国各族人民的团结,促进文化交流和巩固国防等方面,都具有非常重要的作用。在铁路建设中,为了跨越各种障碍(如江河、沟谷或其他线路等),必须修建各种类型的桥梁与涵洞,因此桥涵是铁路线路中的重要组成部分,而且往往是保证全线早日通车的关键。

  桥梁施工图是设计人员根据投影的原理,在图纸上把计划建造的桥梁构造物的图样画出,并加上图标和说明,用于指导施工。施工图是"工程技术界的语言",对于从事工程建设的技术人员来说,不懂这门用图形符号表达的特殊"语言",工作起来不但困难重重,而且还会造成工程事故。所以,本单元的目的,就是要通过识图方法和技巧的讲述,让读者能够掌握有关的制图标准和图示方法,从而培养和提高识图能力,以达到掌握桥梁施工图的目的。为学生学习后续课打好基础。

7.1 钢筋混凝土结构图

· 学习目标 ·

  了解钢筋混凝土结构图的相关知识,掌握铁路工程中常见建筑物和构筑物配筋图的识读方法。

  由水泥、砂子、石子和水按一定比例配合拌制而成的建筑材料称为混凝土。以混凝土为主要材料制成的结构称为混凝土结构,配置有受力的普通钢筋的混凝土结构称为钢筋混凝土结构,配置有预应力筋的混凝土结构称为预应力混凝土结构。

7.1.1 构件配筋的基本知识

1. 混凝土强度等级

混凝土按其抗压强度分为 C15、C20、C25、C30、C35、C40、C45、C50、C55、C60、C65、C70、C75、C80 十四个等级,数值越大,抗压强度越高。

2. 钢筋的强度等级

钢筋按其强度和材料品种分成不同等级,并分别用不同的直径符号表示,见表 7-1。

3. 钢筋的名称、作用和标注方法

配置在钢筋混凝土构件中的钢筋,一般按其作用不同 ,分为下列几种(图 7-1):

表 7-1 钢筋分类

钢筋种类	代 号
HPB235(Ⅰ级钢筋)	Φ
HRB335(Ⅱ级钢筋)	Φ
HRB400(Ⅲ级钢筋)	Φ

  (1)受力钢筋:主要用来承受拉力的钢筋,其配置根据受力情况通过计算确定,并应满足构造要求。在梁、柱中的受力钢筋亦称纵向受力钢筋,标注时应说明其数量、品种和直径,如 8Φ20,表示配置 8 根 HPB235 级钢筋,直径为 20 mm。在板中的受力钢筋,标注时应说明其品种、直径和间距,如 Φ10@200,表示配置 HPB235 级钢筋,直径为 10 mm,按等间距 200 mm 布置。

  (2)箍筋:主要用来固定受力钢筋的位置,并承受梁、柱中的部分剪力和扭矩。标注时应说

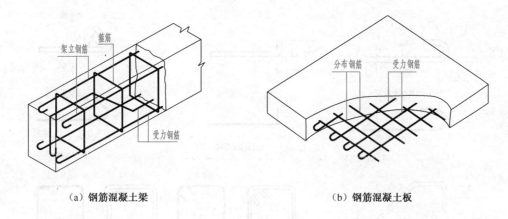

（a）钢筋混凝土梁   （b）钢筋混凝土板

图 7-1   钢筋种类示意图

明其品种、直径和间距，如ϕ10@200。

（3）架立钢筋：一般设置在受压区，与纵向受力钢筋平行，用来固定梁内箍筋的位置，并与受力钢筋构成钢筋骨架。架立钢筋是按构造配置的，其标注方法同梁内受力钢筋。

（4）分布钢筋：一般用于板中，与受力钢筋垂直布置，能将板面的集中荷载均匀地传给受力钢筋，并固定受力钢筋的位置。其标注方法同板内受力钢筋。

（5）斜筋：同箍筋一同承受内力的梁内力筋。

其他钢筋还有吊环、系筋和预埋锚固筋等。

4. 钢筋的保护层

为了防止钢筋锈蚀，保证钢筋和混凝土有良好的黏结力以及防火要求，钢筋外缘到构件表面必须有一定厚度的混凝土保护层，保护层厚度因构件不同而异。《铁路桥涵混凝土结构设计规范》（TB 10092—2017）规定：钢筋混凝土结构最外层钢筋的净保护层厚度不得小于 35 mm，亦不得大于 50 mm，当顶板有防水层及保护层时，最外层钢筋的净保护层厚度不得小于 30 mm，如图 7-2 所示。

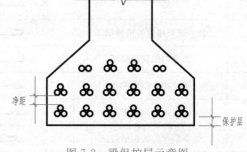

图 7-2   梁保护层示意图

5. 钢筋的弯钩和弯折

为使钢筋与混凝土之间具有良好的黏结力，对于 HPB235 的受力钢筋，应在其两端做成弯钩。弯钩的形式有半圆弯钩和直弯钩。各种弯钩的形式与画法如图 7-3（a）所示。

有些受力钢筋需要在梁内弯折，成为斜筋。弯折钢筋的形式与画法如图 7-3（b）所示。

有弯钩的钢筋，在计算其长度时要考虑弯钩的增长值，弯折钢筋要计算长度折减值。增长值和折减值可查阅标准手册或专业书籍。

6. 钢筋的表示方法

一般钢筋的表示方法见表 7-2。

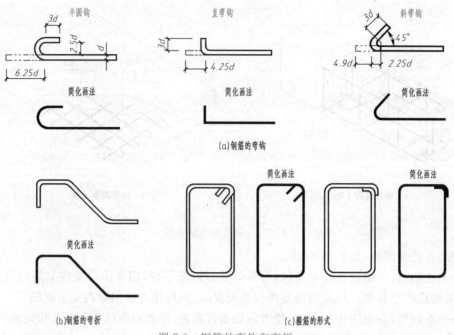

图 7-3　钢筋的弯钩和弯折

表 7-2　一般钢筋表示方法

序号	名　称	图　例	说　明
1	钢筋横断面	●	
2	无弯钩的钢筋端部	——／——	左侧两图中,下图表示长、短钢筋投影重叠时,短钢筋的端部用45°斜划线表示
3	带半圆形弯钩的钢筋端部		
4	带直钩的钢筋端部		
5	带丝扣的钢筋端部		
6	无弯钩的钢筋搭接		
7	带半圆弯钩的钢筋搭接		
8	带直钩的钢筋搭接		

7.1.2　钢筋混凝土结构图的图示内容

1. 图示特点

为了清晰地表达钢筋混凝土构件内部钢筋的布置情况,在绘制钢筋图时,假想混凝土为透明体,用细实线画出构件的外形轮廓,用粗实线画出钢筋,在断面图中,钢筋被剖切后,用小黑点表示。

钢筋图一般包括平面图、立面图、断面图和钢筋成型图。如果构件形状复杂,且有预埋件时,还要另画构件外形图,称为模板图。

钢筋图的数量根据需要来决定,如画混凝土梁的钢筋图,一般只画立面图和断面图即可。

2. 钢筋成型图

为了表明钢筋的形状,便于备料和施工,施工图中必须画出每种钢筋的加工成型图,并标明钢筋的符号、直径、根数、弯曲尺寸及下料长度等。为了节省图幅,也可将钢筋成型图画成示意图放在钢筋数量表中,这样钢筋成型图就不单独绘制了。

3. 钢筋数量表

为了便于配料和施工,在配筋图中一般还附有钢筋数量表,内容包括钢筋的编号、直径、每根钢筋长度、根数、总长及重量等。

7.1.3　钢筋结构图识读

图 7-4 为钢筋混凝土梁的结构图,下面结合图中所示的梁,说明钢筋混凝土构件图的读图要点。

1. 总体了解

图中用立面图和 1-1～3-3 断面图表明了钢筋配置情况,用钢筋成型图表明了各编号不同的钢筋形状,以便钢筋的备料和施工。

由立面图可知梁的跨度为 7 000 mm,总长为 9 185 mm。由断面图可知梁宽 250 mm,梁高 700 mm。

2. 配筋情况

将立面图、1-1～3-3 断面图、钢筋成型图结合起来识读,便可了解清楚钢筋的配置情况。

(1)受力筋。该梁配有 7 根 HRB335 级钢筋作为受力筋:梁下边缘配有 2 根①号、1 根④号直钢筋,主要承受拉力;2 根在左支座和右支座处均弯折的②号钢筋,用以承受支座处的剪力;1 根在右支座处弯折的③号钢筋以及⑥号直钢筋,用以提高右支座处的抗弯能力。

立面图中,2 根②号钢筋的投影重合。

(2)架立筋。梁上边缘的 2 根⑤号 HRB335 级钢筋为架立筋。在立面图中,两根钢筋的投影重合。

(3)构造筋。由于梁较高,所以在梁的中部加了 2 根⑧号 HRB335 级钢筋为构造筋,两钢筋在立面图中投影重合。

(4)箍筋。⑦号 HPB235 级钢筋为箍筋。箍筋采用ϕ8@250 均匀布置在梁中。立面图中箍筋采用了简化画法,只画 3～4 道箍筋,但注明了根数、直径和间距(37ϕ8@250)。

3. 钢筋数量表

由表 7-3 可知,梁的钢筋数量表中应注明钢筋的编号、直径、根数、每根长度、总长及质量。

表 7-3　钢筋数量表

编号	钢筋直径(mm)	长度(mm)	根数	总长度(m)	每米质量(kg/m)	总长度质量(kg)
①	Φ 20	9 170	2	18.34	2.47	45.30
②	Φ 18	9 010	2	18.02	2.00	36.04
③	Φ 18	9 185	1	9.185	2.00	18.37
④	Φ 18	7 340	1	7.34	2.00	14.68
⑤	Φ 18	9 480	2	18.96	2.00	37.92
⑥	Φ 18	3 560	1	3.56	2.00	7.12
⑦	ϕ 8	1 800	37	66.60	0.39	25.97

编号	钢筋直径(mm)	长度(mm)	根数	总长度(m)	每米质量(kg/m)	总长度质量(kg)
⑧	Φ 12	8 960	2	17.92	0.89	15.95
总质量(kg)						201.35
绑扎用铅丝 0.5%						0.95

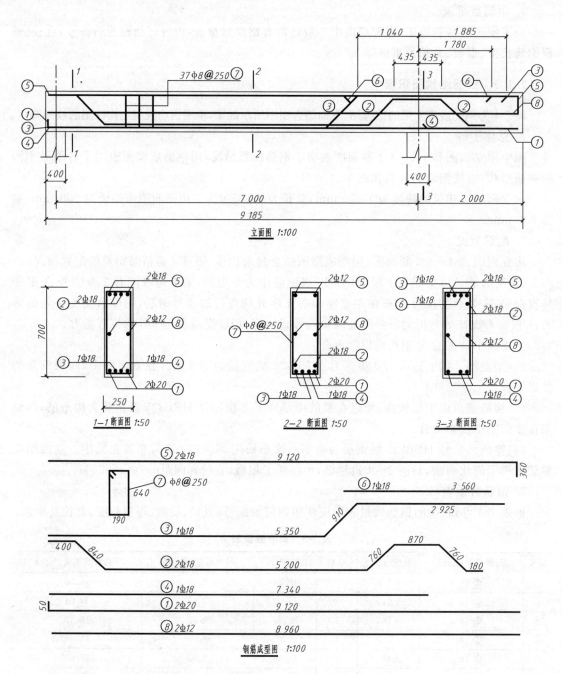

注：本图中箍筋的斜弯钩长度按 70 mm 计算。

图 7-4　钢筋混凝土梁结构图

• 巩固提高 •

做课后思考题 1、2 及习题集 7.1.1。

7.2　施工图的基本知识

• 学习目标 •

了解施工图的相关知识,掌握桥梁施工图的主要内容和识读方法。

7.2.1　基本知识

1. 桥梁工程图样的线宽规定

《铁路工程制图标准》(TB/T 10058—2015)对铁路桥梁工程图样的线宽规定为:基本线宽 b 宜采用 1 mm,线宽比应符合 1∶0.5∶0.35 的关系。桥梁工程制图采用的线型应符合表 7-4 的规定。

表 7-4　各种线型的用途

名　称	画　法	用　途
粗实线	——————	预应力钢筋
中实线	——————	混凝土结构轮廓线、标准构件外轮廓线、路肩线、钢筋线、地面线、钢结构轮廓线等
细实线	——————	尺寸线、图例线、流向线、方向线、常水位线、索引符号、既有建筑物等
粗虚线	— — — —	临时预应力钢筋、预留预应力钢筋
中虚线	— — — — —	结构物的不可见轮廓线、轨底线、受力面积范围线
细虚线	- - - - - -	洪水淹没线、材料分界线、限界线、计划扩建的建筑物外轮廓线
点划线	— · — · —	中心线、轴对称线、截水沟、改沟(渠)中心线
折断线	—/\—	断开界线
波浪线	～～～	用于空心和实心圆形构件等

2. 桥梁工程图样的里程标注规定

(1)每座桥涵工点设计图的图标中,均应标注桥涵中心里程。

(2)桥中心、桥墩中心、桥台胸墙与台尾、涵洞中心线与线路中心线的交点及其他建筑物与线路的交点,均应标注线路里程,如图 7-5 所示。

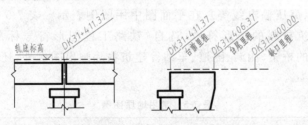

图 7-5　里程标注

(3)桥址工程地质纵断面图及特大桥、大中桥的总布置图中,凡有地面高程的点位,均应在点位下方标注线路里程。

（4）导流堤坝纵断面图及改沟（渠）、截水沟中心纵剖面图,均应在地面高程和设计沟底高程的点位下标注百米标和线路里程。

（5）桥涵址地形平面图上应绘出改沟（渠）、截水沟和导流堤坝的中心线,在这些工程的中心线上应标注百米标,线路中心线上应标注线路里程。当无地形平面图时,应在桥涵址平面示意图上标注百米标和线路里程。

3. 桥梁工程图样的高程标注规定

（1）特大桥、大中小桥的全桥立面图中,在桥墩中心、桥台背墙及台尾处应标注轨底、墩台支承垫石顶面、基底及台尾路肩的高程;涵洞中心纵剖面图中应标注路肩、出入口沟底、每段涵洞沟底和出入口铺砌末端沟底的高程。

（2）桥下设计水位、涵前水位高程,均应标注符号 H,并需标注洪水频率。受水库影响的桥梁应标注正常蓄水位高程。通航河流应标注最高、最低通航水位高程。

图 7-6 为水位高程的标注图示。

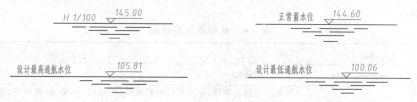

图 7-6　水位高程的标注

7.2.2　桥梁施工图的图示特点

桥梁施工图是利用正投影的理论和方法并结合专业图的图示特点绘制的。建造一座桥梁需要的图纸很多,但一般可以分为桥位平面图、全桥布置图、桥墩图、桥台图、桩基图、桥跨结构图。

7.2.3　桥梁施工图的内容

1. 桥位平面图

桥位平面图主要用来表明桥梁所在的平面位置,通过地形测量绘制出桥位的道路、河流、水准点、钻孔及附近的地形和地物（如房屋、老桥等）,还表明线路的里程,水准点的位置,河水流向及洪水泛滥的情况。新建铁路中心线用粗实线绘制。

地形是指地球表面的高低起伏状态,在平面图中以等高线表示。地物就是地面上自然形成的固定物体（如森林、河流、湖泊等）和人工建造的固定性物体（如城镇、道路、房屋、村庄、桥梁、涵洞、隧道、高压输电线等）,在平面图中用图例表示。表 7-5 列出了常用地质图例;表 7-6 列出了建筑材料的图形符号（选自《铁路工程图形符号标准》（TB/T 10059—2015）。铁路线路上的桥梁、涵洞、隧道、车站等建筑物除画出图例外,还应标注出建筑物的里程。

表 7-5　常用地质图例

序号	名　称	图　例	序号	名　称	图　例
1	黏　土		2	粉质黏土	

续上表

序号	名　称	图　例	序号	名　称	图　例
3	细、粗圆砾土	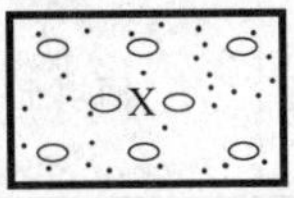	9	粉、细、中、粗、砾砂	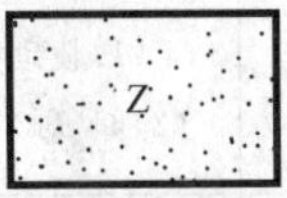
4	细、粗角砾土	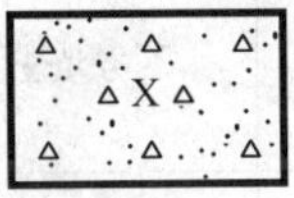	10	石灰岩	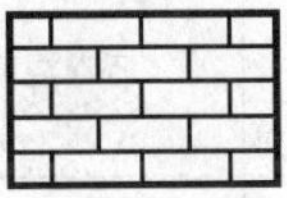
5	卵石土	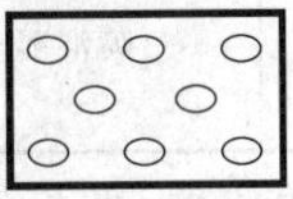	11	泥灰岩	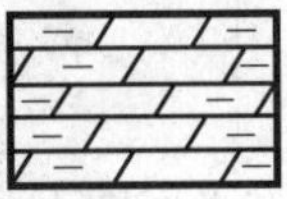
6	块石土	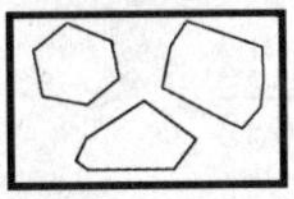	12	花岗岩	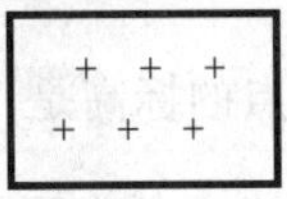
7	碎石土	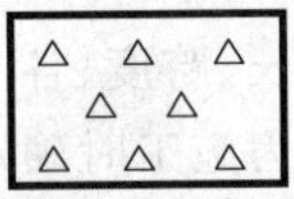	13	漂石土	
8	杂填土	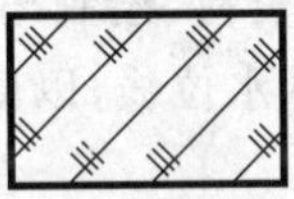	14	淤　泥	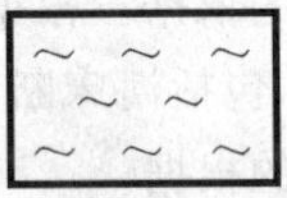

表 7-6　建筑材料的图形符号

序号	名　称	图形符号	序号	名　称	图形符号
1	天然土石	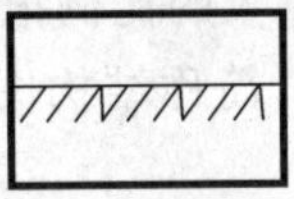	7	(1)干砌片石 (2)碎石	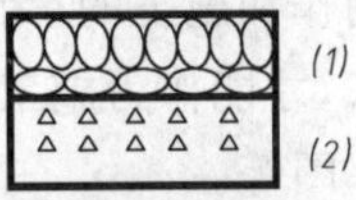
2	黏土保护层	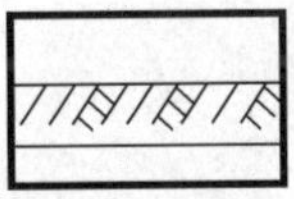	8	浆砌片石	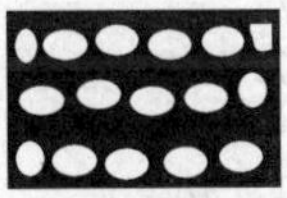
3	水	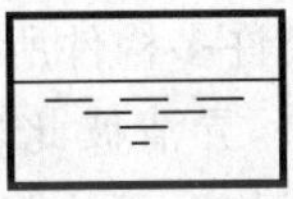	9	浆砌块石	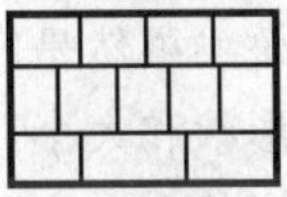
4	砂、灰土、水泥砂浆	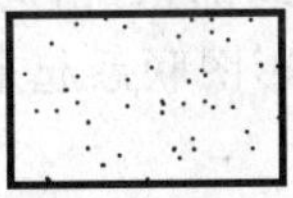	10	钢筋混凝土	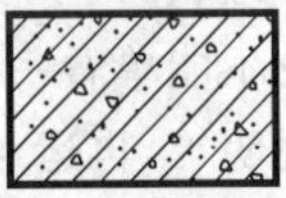
5	砂夹卵石	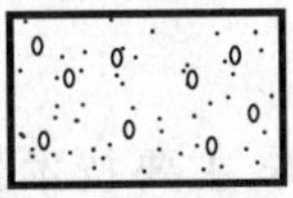	11	混凝土	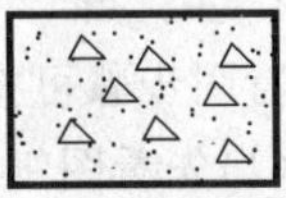
6	砂夹碎石		12	片石混凝土	

续上表

序号	名　称	图形符号	序号	名　称	图形符号
13	(1)栽砌卵石 (2)卵(砾)石垫层	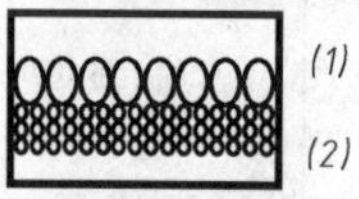	16	回填土石	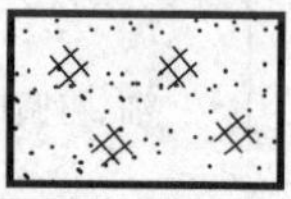
14	沥青混凝土	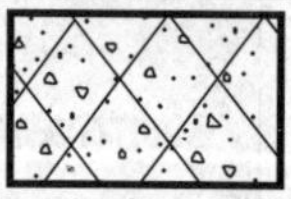	17	夯填土石	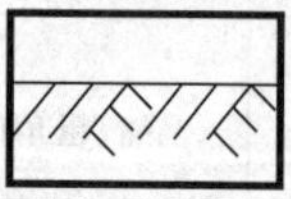
15	草　皮	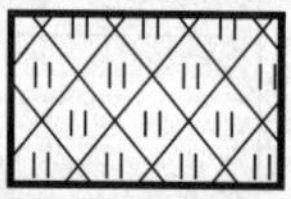	18	喷混凝土	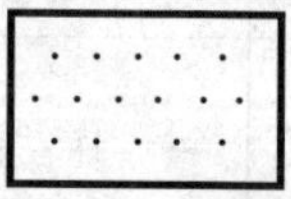

在平面图上,应当标注测量时所设置的水准点的位置,并标明编号和标高。如 BM112 号水准点的标高是 12.632 m,在图 7-7 中应注写为 $\frac{BM112}{12.632}$。

2. 全桥布置图

全桥布置图主要表明桥梁的形式、孔数、桥梁全长、跨度、各主要构件的相互位置关系,桥梁各部分的标高、材料数量以及总的技术说明等,作为施工时确定墩台位置、安装构件和控制标高的依据。根据水文调查和钻探所得的地质水文资料,绘制出桥位所在河床位置的地质断面图,包括河床断面线、最高水位线、常水位线和最低水位线,以便作为施工时计算土石方工程数量的根据。

3. 构件结构图

在全桥布置图中,桥梁的构件都没有详细完整地表达出来,因此单凭全桥布置图是不能进行制作和施工的,为此还必须根据全桥布置图采用较大的比例把构件的形状、大小完整地表达出来,才能作为施工的依据,这种图称为构件结构图,简称结构图,如桥台图、桥墩图、主梁图、桩基图等。

7.2.4　桥梁施工图的识读方法和步骤

1. 方　法

桥梁虽然是庞大而又复杂的建筑物,但它却是由许多构件所组成的,只要了解了每一个构件的形状和大小,再通过全桥布置图把它们联系起来,弄清彼此之间的关系,就了解了整个桥梁的形状和大小了。因此读图的过程是先由整体到局部,再由局部到整体的反复过程。看图时,决不能单看一个投影图,而是要将其他有关的投影图联系起来,包括总图或详图、钢筋明细表、说明等,再运用投影规律,互相对照,弄清整体。

2. 步　骤

看图步骤可按下列顺序进行:

(1)先看图纸首页的说明书,了解桥梁名称、种类、主要技术指标、施工措施、比例、尺寸单位等。

(2)再看全桥布置图,弄清各投影图的关系,如有剖、断面图,则要找出剖切线的位置和观察方向。看图时,应先看立面图(包括纵剖面图),了解桥型、孔数、跨度大小、墩台数目、桥梁全长、总高,了解河床断面及地质情况,再对照看平面图和侧面、横剖面等投影图,了解人行道的尺寸和主梁的断面形式等。这样,对桥梁的全貌便有了一个初步的了解。

(3)分别阅读构件图和大样图,看的时候先看图纸右下角的标题栏和附注,以了解构件名称、比例、尺寸单位、技术说明等。

(4)了解桥梁各部分所使用的建筑材料,并阅读工程数量表、钢筋明细表及说明等。

(5)看懂桥梁图后,再看尺寸,进行复核,检查有无错误和遗漏。

(6)各构件图看懂之后,再回过头来阅读全桥布置图,了解各构件的相互配置及装置尺寸,直到全部看懂为止。

• 巩固提高 •

做课后思考题 3、4。

7.3　全桥布置图

• 学习目标 •

了解桥位图在桥梁施工图中的地位,并掌握全桥布置图的主要内容。

7.3.1　桥　位　图

在桥址地形图上,画出桥梁的平面位置以及与线路、周围地形、地物关系的图样叫做桥位图。它一般采用较小的比例(如 1∶500、1∶1 000、1∶2 000 等)绘制,因此在桥位图上,桥梁平面位置的投影均采用图例示意画出,其线路的中心位置仍用粗实线表示,如图 7-7 所示。

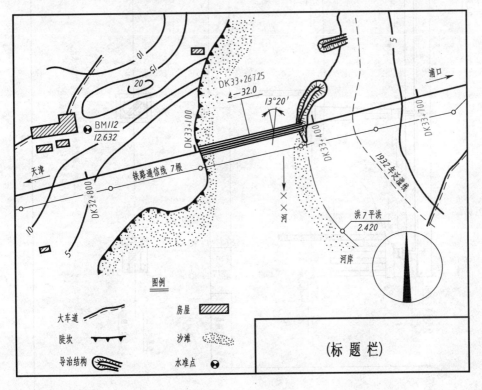

图 7-7　桥位图

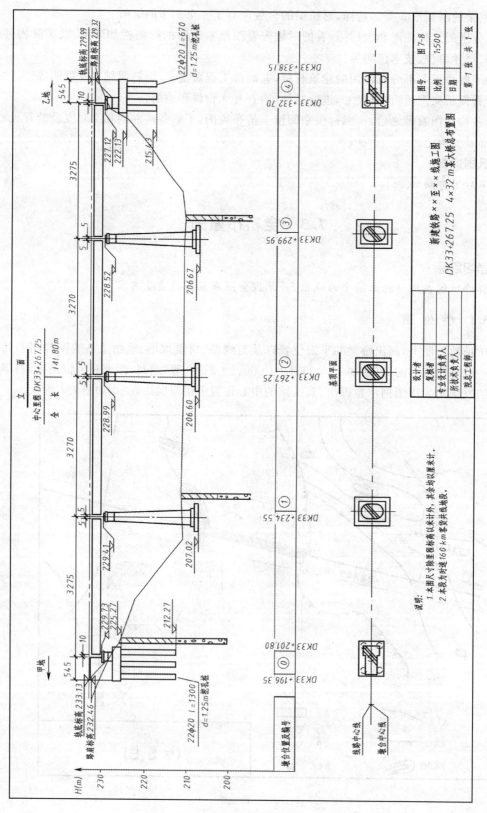

图 7-8　全桥布置图

图 7-7 所示的桥位图,在图中左下方绘制有大车道、陡坎、导治结构、房屋、沙滩、水准点等主要图例;为了表明桥址的方向,图中还画出了指北针,指北针的画法为:直径 24 mm 的细实线圆,内部中间针尾宽 3 mm,针尖指向正北方。桥位图除表示桥梁所在的平面位置、地形和地物外,还表明了线路的里程、水准点位置、通信线布置、河水流向及洪水泛滥的情况。

由图 7-7 可知,该桥位处西北的地势较高,最高点的标高为 20 m,东南方向较低。西边有房屋、大车道及水准点标志。桥的南侧有通信线,东岸有一条洪水泛滥线,东岸北面有导治建筑物。河水流向为从北向南,河床内有沙滩。

7.3.2　全桥布置图

全桥布置图是简化了的全桥主要轮廓的投影图,它由立面图和平面图组成。立面图是由垂直于线路方向向桥孔投影而得到的正面投影图,它反映了全桥的概貌。

全桥布置图主要表明桥梁的形式、跨径、孔数、总体尺寸、各主要构件的相互位置关系、桥梁各主要部位的标高以及总的技术要求等,它是桥梁施工时确定墩台位置及构件安装的依据之一。

从图 7-8 可知,该桥有 4 孔跨度为 32.0 m 的预应力混凝土简支梁,梁全长 32.6 m;中心里程为 DK33+267.25。梁与梁之间及梁与台之间留有 10 cm 的缝隙。图中还标出了全桥各主要部位的标高,如 0 号台台尾处轨底标高为 233.13 m,路肩标高为 232.46 m,两者之差即轨底至路肩距离为 67 cm;支承垫石顶标高 229.73 m,承台底标高 225.27 m,桩底标高 212.27 m。画出了河床断面,这些都表示出桥梁各部分在竖直方向的位置关系。

桥的全长是指两桥台尾间的距离,立面图上所标的 141.80 m 即是桥梁全长。为了校核桥的全长,可用桥的终点里程 DK33+338.15 减去起点里程 DK33+196.35,即

$$桥全长 = 338.15 - 196.35 = 141.80(m)$$

桥台长度(胸墙至台尾的水平距离)为 5.45 m。

桥梁中墩、台位置的命名,通常按下行方向顺序进行编号,如图 7-8 所示的 0 号台、1 号墩等,也有将桥台按其位置命名,但桥墩位置命名仍按顺序 1、2、3…编号。

由基顶平面图可知该桥中墩、台的位置及类型。桥台为 T 形桥台,桥墩为圆端形。墩台的基础为目前常采用的桩基础及明挖扩大基础,其中 1、2、3 号墩为明挖扩大基础,其余为桩基础(挖孔桩)。桥位的地质资料是通过地质钻探得到的,所钻地质孔位及数量(有 3 个钻孔),需根据设计、施工规范的规定及地质情况而定。

在桩基础的标注中,$22 \phi 20$,$l=1\,300$ 表示一根桩身主筋根数为 22,主筋直径为 20 mm,桩长为 1 300 cm。

• 巩固提高 •

课后要求学生会识读桥位图和全桥布置图。

7.4　桥　墩　图

• 学习目标 •

了解铁路桥墩的主要类型和构造,并掌握桥墩施工图的识读方法。

7.4.1 概　　述

　　桥墩是桥梁下部结构的一部分,位于桥梁中间部分。它的作用是支承相邻的桥跨结构,使之保持在一定的位置上,并将桥跨结构传来的荷载和它本身所受的荷载一起传给下面的地基。

　　根据河道的水文情况及设计要求,桥墩的形状是不一样的,一般以桥墩墩身断面的形状划分桥墩类型,常见的有圆形桥墩,如图 7-9(a)所示;矩形桥墩,如图 7-9(b)所示;尖端形桥墩,如图 7-9(c)所示;圆端形桥墩,如图 7-9(d)所示等。

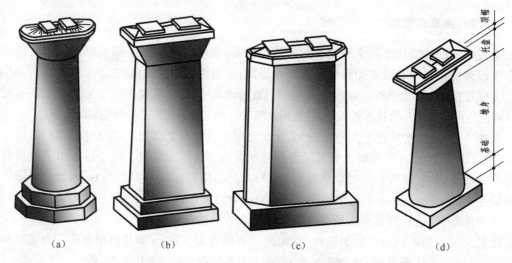

(a)　　　　　　(b)　　　　　　(c)　　　　　　(d)

图 7-9　重力式桥墩类型(单线)

　　桥墩由基础、墩身和墩帽三部分组成。基础在桥墩的底部,常埋在地面下;墩身是桥墩的主体;墩帽在桥墩的上部,一般由顶帽和托盘两部分组成。顶帽的顶面为斜面,做排水用。为了安放桥梁支座,其上有支承垫石。墩身坡度一般采用 $n:1$(竖∶横)表示;墩身较低时,为施工方便可设直坡,用 $1:0$ 表示。

7.4.2　桥墩的表达

　　桥墩图主要表达桥墩的总体及其各组成部分的形状、尺寸和用料等。

　　表示桥墩的图样有桥墩构造图、桥墩顶帽及支承垫石钢筋布置图、桥墩墩身护面钢筋布置图。

　　1. 桥墩构造图

　　图 7-10 是道砟桥面预应力混凝土简支 T 形梁双线圆端形桥墩构造图,由正面图、侧面图、半平面及半剖面图组成。

　　(1)正面图

　　在桥墩构造图中,顺着线路方向投影而得到的图形称为正面图。正面图是桥墩的外形图,它表示桥墩的正面形状和尺寸,其中点画线是桥墩及线路中心线。

　　(2)平面图

　　平面图的左半部分是外形图,主要表示桥墩的平面形状和尺寸。右半部分是 Ⅰ-Ⅰ 剖面图,剖切位置和投影方向表示在正面图中,它表示墩身顶面的平面形状和尺寸。

　　(3)侧面图

　　在桥墩构造图中,垂直于线路方向投影而得到的图形称为侧面图。侧面图表示桥墩侧面

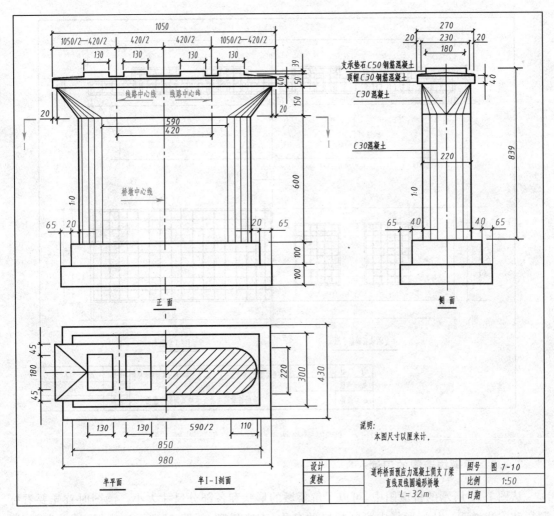

图 7-10 桥墩构造图

的形状和尺寸,以及桥墩各部分所用的材料。

2. 桥墩顶帽及支承垫石钢筋布置图

由于桥墩构造图比例较小,墩帽部分的细节及尺寸表示不清楚,所以需用较大的比例画出桥墩顶帽及支承垫石钢筋布置图。顶帽及支承垫石为满足规范要求,布置有钢筋网,为钢筋混凝土构件。

如图 7-11 所示,桥墩顶帽及支承垫石钢筋布置图由两个投影组成,其中立面图、平面图及断面图主要表示顶帽的钢筋布置。顶帽内布置有两层钢筋网,支承垫石内布置有二层钢筋网,钢筋均采用等间距布置。

3. 桥墩墩身护面钢筋布置图

由图 7-12 可知,沿整个墩身周边等间距布置有竖向钢筋,同时设置有与之垂直的等间距布置的箍筋。护面钢筋分别插入托盘及桩基础的承台 90 cm。护面钢筋主要起防裂作用。

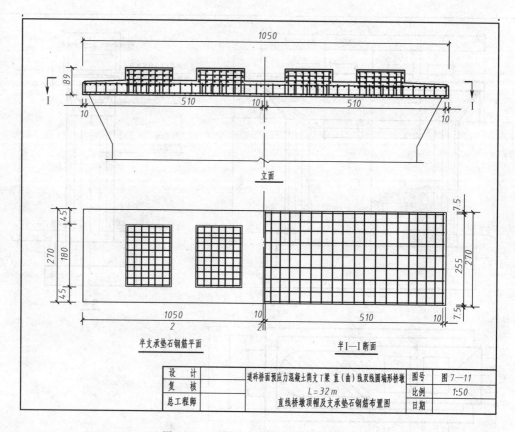

设　计		道碴桥面预应力混凝土简支 T 梁 直 (曲) 线双线圆端形桥墩	图号	图 7—11
复　核		L=32 m	比例	1:50
总工程师		直线桥墩顶帽及支承垫石钢筋布置图	日期	

图 7-11　顶帽及支承垫石钢筋布置图

7.4.3　桥墩构造图的识读

从图 7-10 所示的桥墩图中,可以了解桥墩的形状和各部分尺寸大小。读图时首先要看标题栏和附注说明。从标题栏中可知桥墩的名称(直线桥墩,梁跨 32.0 m)、比例、桥墩类型(圆端形)等;从说明中可得知桥墩的尺寸单位;该图表示的是圆端形桥墩,图内尺寸单位是 cm。要弄清楚安排了哪些投影图,按照投影关系及形体分析方法,逐步读懂各部分的形状、尺寸大小及所用材料等。

读图时,可把桥墩分为基础、墩身和墩帽三部分。

1. 基础

由图 7-10 可知,该基础为明挖扩大基础,分两层,底层基础长 980 cm、宽 430 cm、高 100 cm;上层基础长 850 cm、宽 300 cm、高 100 cm。两层基础在前后、左右向都是对称放置,如图 7-13 所示。

2. 墩身

墩身的顶面和底面都是圆端形,两圆端形的半圆圆心距均为 590 cm。由正面及侧面图得知:顶面和底面圆端直径为 220 cm,墩身高为 600 cm。由上述各部分尺寸并结合投影图可知,墩身是由两端半圆柱和中间的矩形柱组合而成的。墩身所用的材料为 C30 混凝土。

3. 墩帽

由图 7-10 中的正面图和侧面图可知,墩帽由托盘和顶帽两部分组成。顶帽是矩形的,垫

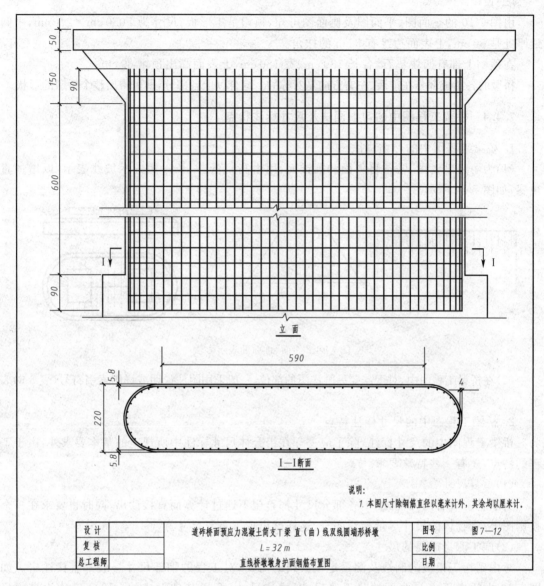

说明:
1. 本图尺寸除钢筋直径以毫米计外，其余均以厘米计。

设 计		道砟桥面预应力混凝土简支T梁 直(曲)线双线圆端形桥墩	图号	图7—12
复 核		$L=32\,m$	比例	
总工程师		直线桥墩墩身护面钢筋布置图	日期	

图 7-12　墩身护面钢筋布置图

石顶面高于顶帽的排水坡 39 cm。顶帽上设置排水坡，且设 20 cm 飞檐。托盘和顶帽所用的材料为 C30 混凝土，支承垫石用 C50 钢筋混凝土。

（1）托盘

托盘的下表面为圆端形，上表面为矩形，下表面两个半圆的圆心距为 590 cm，由正面图可知托盘高度为 150 cm。由上述各部分尺寸并结合投影图可知，托盘是从圆端形渐变至矩形，托盘是由两端的锥体和中间的梯形柱组合而成的。

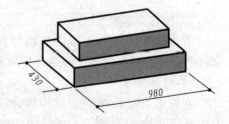

图 7-13　基础的形状

（2）顶帽

由图 7-10 的正面图、平面图及侧面图可知，顶帽是矩形板，尺寸为 1 050 cm×270 cm，中间最厚处是 50 cm，上表面边缘有 5 cm 的抹角。

在顶帽上部有四块垫石，各长 130 cm、宽 180 cm，上表面高出顶帽 39 cm。

桥墩的各组成部分在前后、左右方向是对称的。综合以上各部分，即可得出整个桥墩的形状。

7.4.4　桥梁工程图中的习惯画法及尺寸标注特点

1. 桥梁工程图中的习惯画法

（1）为了帮助读图，常常将斜面和圆锥面，用由高到低、一长一短的示坡线表示，以增加直观感，如图 7-14 所示。

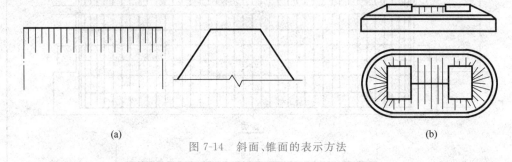

(a)　　　　　　　　　　　　　　　　　　　(b)

图 7-14　斜面、锥面的表示方法

（2）在桥梁工程图中，对于需要另画详图的部位，一般采用附注说明或详图索引符号（表 6-3）表示。

2. 桥梁工程图中的尺寸标注特点

桥梁工程图中的尺寸标注，除了应遵守在组合体尺寸标注中所规定的基本要求外，由于工程的特点，还有一些特殊要求。

（1）重复尺寸

为了施工时看图方便，图中各部分尺寸都希望不通过计算而直接读出，同时也要求在一个投影图上，将物体的尺寸尽量标注齐全，这样就出现了重复尺寸。

（2）施工测量需要的尺寸

考虑到圬工模板的制造及测量定位放线的需要，对工程的细部尺寸一般都直接注出。如图 7-10 中桥墩平面与曲面的分界线尺寸、襟边尺寸（两层基础形成的台阶宽度称为襟边尺寸）。

（3）特殊要求尺寸

所谓特殊要求尺寸即建筑物与外界联系的尺寸。在桥梁图中常以标高形式出现，如图 7-8 所示全桥布置图中的路肩标高和轨底标高等。

（4）对称尺寸

在桥梁工程图中，对于对称部分图形往往只画出一半。为了将尺寸全部表达清楚，常用 $B/2$ 的形式注出，如图 7-11 所示半支承垫石钢筋平面图中，1 050/2 和 10/2 说明其全部尺寸为 1 050 和 10。

· 巩固提高 ·

做课后思考题 5，并熟悉铁路桥墩施工图的识读方法。

7.5 桥 台 图

·学习目标·
了解铁路桥台的主要类型和构造,并掌握桥台施工图的识读方法。

7.5.1 概 述

桥台是桥梁两端的支柱,除支承桥跨外,还起阻挡路基端部填土的作用。桥台的类型应根据台后路堤填土高度、桥梁跨度、地质、水文及地形等因素来决定。

桥台的类型有重力式桥台、轻型台、拼装式台等。重力式桥台按台身横截面形状又可分为 T 形桥台(图 7-15 、图 7-16)、U 形桥台(图 7-17)、耳墙式桥台(图 7-18)等。

虽然桥台的形式不同,但都是由基础、台身和台顶(包括顶帽、墙身和道砟槽)所组成,如图 7-15 所示。

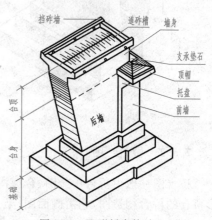

图 7-15 T 形桥台构造

1.基 础

基础在桥台最下面,图 7-15 为明挖扩大基础,共三层。

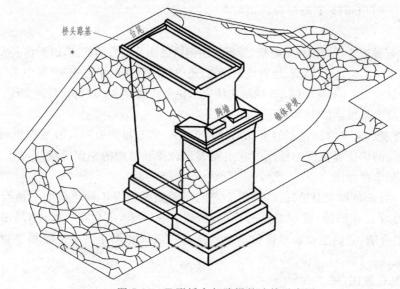

图 7-16 T 形桥台与路堤的连接示意图

2.台 身

台身在基础上面,由前墙、后墙及托盘组成。托盘是用来承托台帽的。

3.台 顶

台顶在桥台的上部,由顶帽、墙身和道砟槽三部分组成。顶帽在前墙托盘上面,其顶面有支承垫石。墙身是后墙的延续部分。整个桥台最上部分为道砟槽。墙身的靠梁一端称为胸墙,靠路基一端是台尾,如图 7-16 所示。

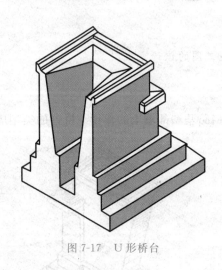

图 7-17　U 形桥台

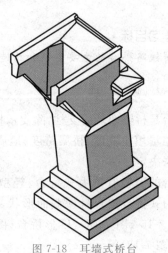

图 7-18　耳墙式桥台

7.5.2　桥 台 图

桥台图一般由桥台构造图、台顶构造图及钢筋布置图等图样来表达。图 7-19 是一单线 T 形桥台的桥台构造图,它由侧面图、半平面和半基顶剖面图、半正面和半背面图所组成。

在桥台构造图中,垂直于线路方向投影而得到的图形称为侧面图。从桥孔顺着线路方向投影而得到的图形称为桥台的正面图;从路基顺着线路方向投影而得到的图形称为桥台的背面图。

1. 桥台构造图(以单线 T 形桥台为例)

(1)侧面图

侧面图能较好地表达桥台的外形特征,并反映出钢轨底面及路肩的标高,因而将其安排在正立面图的位置。图中应注明轨底、路肩、地面线的标高,还应标注线路的中心里程(图中未示),从而确定桥台的位置。坡度为 1:1 及 1:1.25 的细实线表示桥台两侧锥体护坡与台身的交线。

(2)半平面及半基顶剖面图

半平面主要表示道砟槽和顶帽的平面形状及尺寸。半基顶剖面图是沿基础顶面向下剖切而得到的剖面图,剖切位置在图中标注。它主要表示台身和基础的平面形状及尺寸。

(3)半正面和半背面图

它是从桥台的正面和背面进行投影,两个方向所看到的情况不同。但同一桥台的正面或背面其桥台的高度是相同的;宽度总是对称的,所以各画一半,组合在一起,中间用点画线分开。这种图叫组合图,它们主要表示桥台正面和背面的形状和尺寸。半正面和半背面图上用双点画线示出轨底标高。

2. 顶帽钢筋布置图(图 7-20)

顶帽构造由半正面图、半平面图及侧面图组成,为了体现台内钢筋布置,分别从垫石、顶帽做了四个截面图。

7.5.3　桥台构造图识读

识读 T 形桥台构造图的方法和步骤如下:

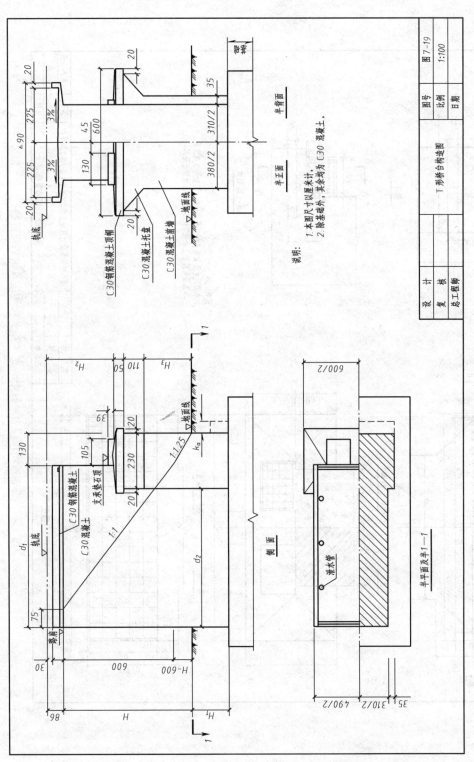

图 7-19　T形桥台构造图

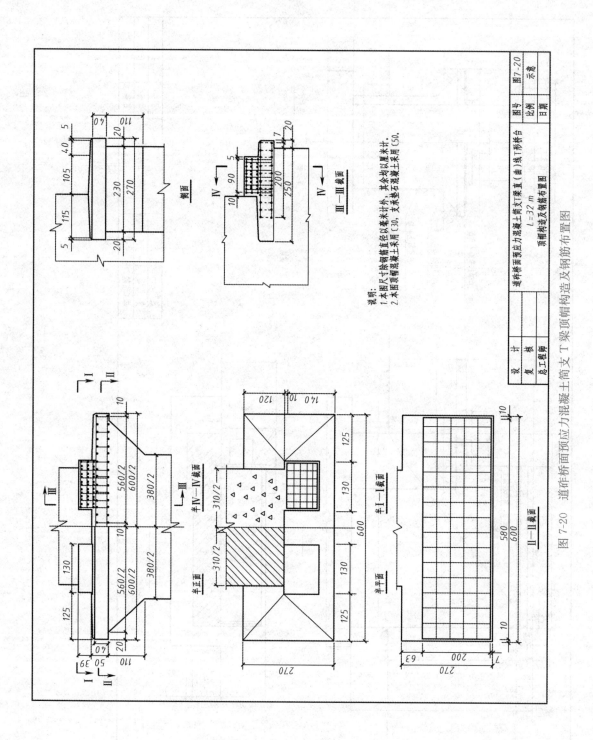

图 7-20　道砟桥面预应力混凝土简支 T 梁顶帽构造及钢筋布置图

1. 看标题栏及附注说明

首先读图 7-19 标题栏、附注，从中了解桥台类型（T 形桥台）、图样比例、尺寸单位（本图尺寸以厘米计）、各部分使用的材料（除基础外，其余均为 C30 混凝土）等，然后根据各图形间的投影关系，分析研究桥台各部分的形状和大小。

2. 投影图的组成

看桥台总图是由哪些投影图组成及它们的表示方法、作用。

图 7-19 是由侧面图、半平面图及半基顶剖面图、半正面和半背面图组成。

3. 分析桥台各部分结构形状

按照投影规律，并根据桥台的各组成部分，逐步分析并读出它们的形状和大小。

（1）基础：为目前常用的桩基础，具体内容见本单元 7.7 内容。

（2）台身：台身由前墙、后墙和托盘三部分组成。前、后墙下表面形状可由半基顶剖面图看出，高度可由正面图和侧面图看出。如前墙为 230 cm×380 cm×(H_1+H_3) cm 的长方体，即前墙的纵向尺寸为 230 cm，横向尺寸为 380 cm，高度为 (H_3+H_1) cm；前墙的上端为托盘，呈梯形柱体，高度为 110 cm，宽度分别为 380 cm、560 cm，纵向长度为 230 cm。从侧面图可知后墙部分为棱柱体，棱柱形上下纵向尺寸均为 d_2，横向尺寸为 310 cm，高为 (H_1+H_3+110) cm，如图 7-21 所示。

（3）台顶：台顶由顶帽、墙身、道砟槽三部分组成。桥台胸墙到台尾的距离称为桥台长度（d_1）。道砟槽的宽度为 4.9 m。

道砟槽在桥台的最上面，该部分的结构形状比较复杂。结合半正面图和半背面图得知，左右两边最高部分是道砟槽的挡砟墙外形，在挡砟墙下部设有泄水管。道砟槽底中间高，两边低，形成两面坡，坡度为 3‰，以便排水。

① 顶帽构造

顶帽在托盘上面，图 7-19 中的 1-1 剖面图和半平面图，十分清楚地显示了顶帽的形状和尺寸。顶帽高 50 cm，横向宽度 600 cm，纵向长为 230＋20＋20＝270（cm），垫石顶加高 39 cm，垫石纵横向尺寸分别为 105 cm×130 cm。顶帽表面做有排水坡、抹角和支承垫石等，如图 7-22(a) 所示。

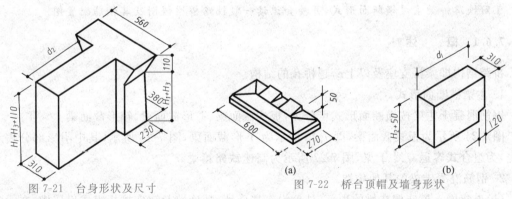

图 7-21　台身形状及尺寸　　　　　　　　　　　　　图 7-22　桥台顶帽及墙身形状

② 墙身

墙身是后墙的延伸部分，其形状在图 7-19 中反映的较清楚。它是一个棱柱体，前下角有一切口与顶帽相接，如图 7-22(b) 所示。

③ 道砟槽

桥台道砟槽部分的结构形状比较复杂。由图7-19可知,顺台身方向两侧的最高部分为道砟槽的挡砟墙,在挡砟墙的下部设有排水管,如图7-23所示。从图中可看到胸墙顶部是一个水平面,它与挡砟墙上部内侧形成开口槽,即盖板槽。该槽为安放与梁连接处的盖板,并起挡砟作用。

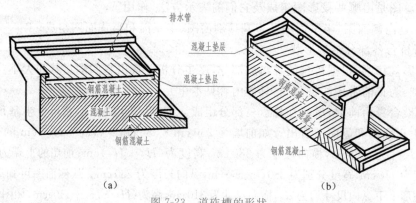

图 7-23　道砟槽的形状

④ 顶帽钢筋布置图的识读

如图7-20所示,顶帽及垫石内分别设置钢筋网。顶帽内布置有两层钢筋网;支承垫石内布置有三层钢筋网。

·巩固提高·

做课后思考题6,并熟悉铁路桥台施工图的识读方法。

7.6　桥跨结构图

·学习目标·

了解铁路桥梁主梁横断面形式,并要会识读一般铁路桥梁概图及其钢筋配置图。

7.6.1　概　　述

桥跨结构即梁桥支座及以上跨越桥孔的结构。

1. 主梁横断面形式

钢筋混凝土主梁按横断面形式可分为:板式截面梁、T形截面梁、箱形截面梁。

图7-24所示为板式截面梁,图7-25所示为T形截面梁,图7-26所示(其中阴影部分表示现浇)为组合式客运专线T梁,图7-27所示为高速铁路箱梁。

2. 钢筋混凝土梁的其他构造

(1)道砟槽。道砟槽在梁的顶部,外侧设有挡砟墙,挡砟墙与道砟槽板组成道砟槽,在梁的两端设有端边墙,如图7-28所示。在每片梁的靠桥中线一侧设有内边墙,如图7-25(a)所示。

(2)横隔板。在T形梁的中部、端部和腹板变截(断)面处设有横隔板,如图7-25所示。

(3)排水及防水。为了保证良好的线路质量,避免梁内钢筋锈蚀,在道砟槽板顶面做有横向排水坡,雨水经泄水管排出。在道砟槽板顶面还铺设有防水层。图7-28(d)所示,为旧式T

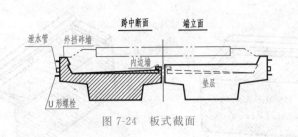

图 7-24 板式截面

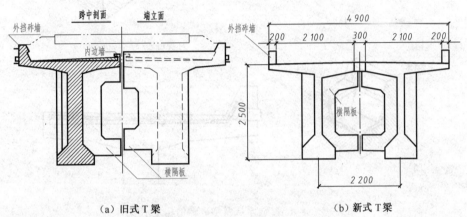

（a）旧式 T 梁   （b）新式 T 梁

图 7-25 双片式 T 梁（单位：mm）

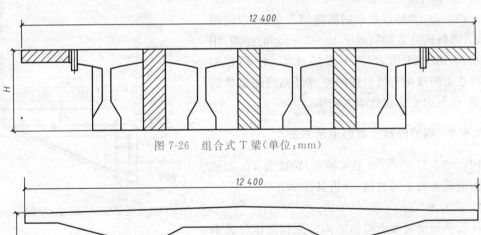

图 7-26 组合式 T 梁（单位：mm）

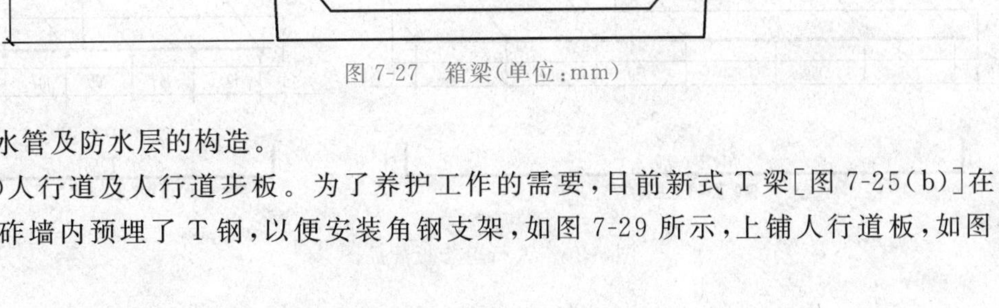

图 7-27 箱梁（单位：mm）

形梁泄水管及防水层的构造。

（4）人行道及人行道步板。为了养护工作的需要，目前新式 T 梁 [图 7-25（b）]在梁体外侧挡砟墙内预埋了 T 钢，以便安装角钢支架，如图 7-29 所示，上铺人行道板，如图 7-30 所示。

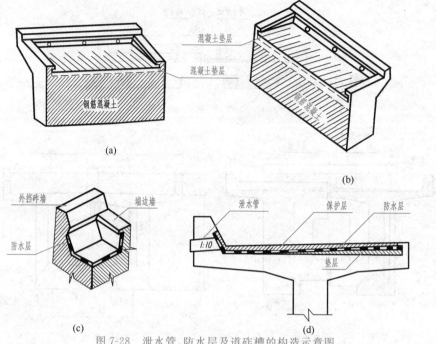

图 7-28　泄水管、防水层及道砟槽的构造示意图

（5）纵横向盖板。在两片梁内侧挡砟墙间留有 60 mm 的空隙上，铺以纵向钢筋混凝土盖板，以防落砟，沿纵向每两块盖板间留出 10～20 mm 的空隙，用以排水，如图 7-31 所示（见书末插页）。此外，在相邻的两孔梁间或梁与桥台间的空隙处则应盖以横向铁盖板，以免雨水从该处渗入支座。

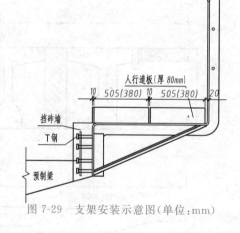

图 7-29　支架安装示意图（单位：mm）

7.6.2　钢筋混凝土梁的图示方法

现以图 7-31 所示（见书末插页）跨度为 6 m 的道砟桥面钢筋混凝土梁为例，分析其图示方法。

1. 正面图

从反映钢筋混凝土梁的整体特征和工作位置来分析，以其长度方向作为正面投影比较合适。

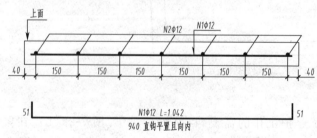

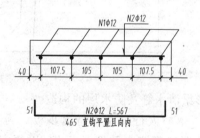

图 7-30　人行道步板配筋图

　　由于梁在长度方向是左右对称的,因此,在正面投影图上采用了半正面图和半 2-2 剖面图的组合投影图。半正面图是由梁体的外侧向梁内侧投影而得,而半 2-2 剖面图,实际上是由梁体内侧向梁外侧投影而得。它们分别反映了梁体的外侧、内侧及道砟槽的正面投影形状。

　　2. 平面图

　　平面图也采用了组合投影图的表达方法,即半平面图和半 3-3 剖面图。平面图主要表达道砟槽的平面形状,同时还反映了桥孔中两片梁间纵向铺设的钢筋混凝土盖板的位置。由于该梁为板式断面,无肋或横隔板,在 3-3 剖面图上只是表达了梁体的材料及其纵向断面尺寸。

　　3. 侧面图

　　侧面图采用 1-1 剖面图和端立面图的组合投影图。1-1 剖面图反映的是该梁的横断面形状及道砟槽的形状。端立面反映的是梁体侧面的形状。在这一组合投影图中,于梁的道砟槽上方用虚线假想地表示了道砟、轨枕及钢轨垫板的位置,从而形象地反映出由两片梁所组成的一孔桥跨的工作状况。钢轨垫板的顶面,即是在正面图上用虚线画出的轨底标高。这种表达方法在钢筋混凝土梁图中被广泛地采用。

　　4. 详　图

　　由于该梁道砟槽的端边墙、内边墙和外边墙构造比较复杂,在 1:20 的概图中不能表达清楚它们的形状和尺寸,故在正面图和侧面图的 1-1 剖面图上,分别用索引符号指出该部分另有详图(即大样图),且该详图就画在本张图纸内,即①、②、③详图。

7.6.3　钢筋混凝土板梁构造图的识读

　　现以图 7-31 为例(见书末插页),介绍识读钢筋混凝土梁构造图的方法和步骤。

　　(1)首先从标题栏中了解图样的名称和该工程的性质,再阅读附注说明。图 7-31 中标题栏的内容告诉我们,该图为跨度 6 m 的道砟桥面钢筋混凝土梁。在附注说明中,指出桥面的防水层及泄水管、U 形螺栓等另有详图,并对工程数量表作了补充说明。

　　(2)了解该图中所采用的表达方法。图 7-31 所示钢筋混凝土梁在投影表达方法上,充分地利用了对称性的特点,采用组合投影图的表达方式,同时对一些局部的形状和尺寸,采用了局部详图表示之。

　　(3)综合了解、掌握梁体的整体概貌。如梁的全长为 6 500 mm,梁高为 700 mm,主梁上有道砟槽板、挡砟墙、内边墙及端边墙等。

　　(4)分析详图,认清道砟槽各边墙顶面的高度和结合处的构造。由于该梁为板式梁,上部道砟槽与台顶道砟槽基本类似,但由于端边墙和内边墙的顶面高度、宽度不同,使其结合处的构造较为复杂。端边墙的厚度为 120,顶面宽度为 150,内边墙的厚度为 70,顶面宽度为 100;端边墙顶面比内边墙顶面高 50,而挡砟墙顶面比端边墙顶面高 150,其形状及尺寸关系如图 7-32 所示。

　　(5)阅读图样中的工程数量表时,要注意表中所指的一孔梁为两片梁所组成。该表不但表明了梁体各部分的用料及工程数量,同时还是工程施工备料和施工进度安排的依据。

7.6.4　钢筋布置图的识读

　　1. 识读钢筋布置图的方法和步骤

　　(1)先读标题栏和附注。

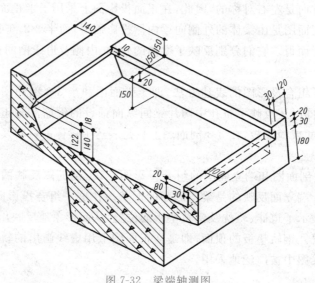

图 7-32　梁端轴测图

（2）阅读钢筋表，目的是了解该梁所布置的钢筋类型、形状、直径、根数等。

（3）根据图名，了解钢筋布置图中采用了哪些图，以及这些图之间的关系。

（4）分析钢筋布置图时，一般以正面图为主，再结合其他剖面图，一部分一部分地进行识读。

2. 钢筋布置的识读

配置在钢筋混凝土构件中的钢筋，一般按其作用不同，可分为受力钢筋（承受构件内拉、压应力的钢筋）、斜筋、箍筋（以固定受力钢筋的位置，并承受部分剪力）、架立钢筋（构成钢筋骨架）和分布钢筋（将板的集中荷载均匀地传给受力钢筋，并固定受力钢筋的位置）。

现以图 7-33 为例（见书末插页），介绍识读钢筋混凝土梁钢筋布置图的方法和步骤。图 7-33 的正面图即梁梗中心剖面图，由于在长度方向是左右对称的，所以采用了对称画法。从梁梗中心剖面图中可以看出，该梁底部的七种受力钢筋（$N1\sim N7$）是分两层布置的。由于受力的需要，两层受力钢筋中，$N1\sim N6$ 分六批向上弯起，而 $N7$ 为直筋。受力钢筋的排列及其编号，在 1-1 剖面和 2-2 剖面跨中主钢筋布置图中表达十分清楚。钢筋的弯起形状、尺寸在钢筋表的示意图中已经表示，由于 $N4$、$N5$ 钢筋弯起后的弯钩属于非标准弯钩，故单独画出了它们的详图。在主梁部分除受力筋外，上部还有架立筋 $N34$。

正面图上所表达的箍筋 $N21$，按 300 mm 等距分布，共计 11 组（梁全长内为 22 组）。箍筋可做成开口式或闭口式。从钢筋表的示意图中可知，$N21$ 是开口式，如图 7-34 所示。

3-3 剖面和 4-4 剖面主要是表达道砟槽的挡砟墙及其悬臂部分的钢筋布置，这部分的钢筋比较多，且形状也较复杂，在阅读时应注意各剖面的剖切位置，将各剖面图有机地联系起来分析。例如 $N18$、$N19$ 钢筋为道砟槽板部分的钢筋，由 3-3 剖面看到，$N19$ 位于槽板的下部，但从 4-4 剖面又反映出 $N19$ 在槽板的顶部，结合 1-1 剖面及钢筋表中的示意图，可知这是由于 $N19$ 的弯起形状变化所致。

由说明的第 2 条可知，道砟槽板底钢筋 $N51$ 的间距与 $N50$ 的间距相同；特设钢筋 $N30$

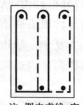

注：图中虚线、实
线各是一根箍筋
图 7-34　箍筋形式

的间距与 $N29$ 的间距相同。因此,只要我们掌握了 $N29$、$N50$ 钢筋的布置规律,就可以知道 $N51$ 在跨中段及 $N30$ 在梁两端的布置情况。其数量分别与 $N50$、$N29$ 相同。

掌握各部分钢筋的布置和形状是很重要的,但在读图时,计算或校核其钢筋的数量也是读图的一个重要内容。在计算钢筋数量时,要充分注意在表达方法上和构件形状上的特点。如图 7-33 所示钢筋混凝土梁的配筋图,由于梁在纵向左右对称,故在梁梗中心剖面图、3-3 剖面和 4-4 剖面图中,都采用了对称画法。这样,在计算钢筋数量时,对于某些类型的钢筋就应乘以 2。如 $N18$,若按 3-3 剖面图计算为 14 根,但考虑到该剖面图只画出了梁长的一半,故 $N18$ 钢筋按一片梁计算,应为 $14×2=28$ 根。某些部位的一些特殊构造,在计算钢筋时也应引起注意,如在梁的挡砟墙及内边墙上分别设置有 10 mm 的断缝,因此,在设置 $N54$,$N16$ 钢筋时,在此断开,于是 $N54$ 的数量应为 $4×2=8$ 根,$N16$ 的数量为 $1×2=2$ 根。

最后综合以上分析结果,把钢筋表中的各类钢筋归入到构件的各部位,使之成为一个完整的、正确的钢筋骨架。归纳如下:

(1)主梁

① 主筋与斜筋

每片板梁设 33 根 $\phi16$($N1\sim N7$)的主筋,成束设置,2 根 1 束者共 6 束,3 根一束者共 7 束,排列于板梁的下缘。根据需要,将跨中下部的 $N1\sim N6$ 主筋分批弯起,作为斜筋,锚固在板梁的受压区中。由于板梁的高度较小,伸到受压区中的弯起钢筋长度不足,所以应设与纵筋平行的直段。$N7$ 钢筋(直)伸入支点内,并在端部设直弯钩。

② 箍筋与架立筋

每片板梁的箍筋采用 12 肢 $\phi8$($N21$)钢筋,间距为 300 mm,做成开口式,钩在架立筋 $N34$ 上,架立筋为 7 根 $\phi10$ 钢筋。

(2)道砟槽板

① 主筋

在板梁两侧的悬臂板上部设有 28 根 $\phi10$($N18$)及 9 根 $\phi10$($N19$)受力钢筋,$N19$ 在板的外侧向下弯折锚固在受压区。

② 构造钢筋与分布钢筋

板的外侧底面,沿梁全长配置有 14 根 $\phi8$($N50$)和 30 根 $\phi10$($N29$)的构造钢筋;板的内侧底面,沿梁全长也配置有 14 根 $\phi8$($N51$)和 30 根 $\phi10$($N30$)的构造钢筋。配置这些构造钢筋的目的是增加全梁钢筋骨架的整体性和承受偶然荷载引起的底面拉应力。垂直于悬臂板布置有 12 根 $\phi8$($N53$)的分配钢筋。

(3)挡砟墙钢筋

① 主筋与分配钢筋

考虑到挡砟墙必须承受人行道支架的作用力,故设置 38 根 $\phi8$($N52$)的封闭式受力钢筋,这些钢筋与其垂直方向的分配钢筋($N54$)组成钢筋骨架。设于挡砟墙内的分配钢筋,在断缝处均应断开。

② 挡砟墙内应预埋安装人行道用的 U 形螺栓,并在其中设置 2 $\phi20$($N16$)的 U 形螺栓分配钢筋($N16$)。

• 巩固提高 •

做习题集 7.6.1、7.6.2,要求课后识读铁路桥梁工程桥跨结构图概图和其配筋图。

【课外知识拓展】

芜湖长江大桥简介

　　芜湖长江大桥是我国第一座公铁两用低塔斜拉桥,是我国20世纪末的标志性工程。铁路线路为Ⅰ级,双线;公路为4车道,车行道宽18 m,两侧人行道各宽1.5 m。公路在上层,铁路在下层。铁路桥长10 616 m,公路桥长6 078 m,其中跨江桥长2 193.7 m。大桥主跨312 m,是我国迄今为止公铁两用桥中跨度最大的桥梁。大桥公路接线长23.23 km,其南岸7.35 km,北岸15.88 km。

钢筋符号

　　在钢筋图中常见Φ、Φ、Φ、Φ等符号,它们代表什么呢?

　　Φ——HPB235级热轧钢筋,属低碳钢,外形为光面圆钢筋,工程上习惯称为Ⅰ级钢筋。

　　Φ——HRB335级热轧钢筋,属低合金钢,外形有肋纹,工程上习惯称为Ⅱ级钢筋。

　　Φ——HRB400级热轧钢筋,属低合金钢,外形有肋纹,工程上习惯称为Ⅲ级钢筋。

　　Φ^R——RRB400级热轧钢筋,属低合金钢。

7.7　钻(挖)孔灌注桩施工图

·学习目标·

　　了解铁路钻(挖)孔灌注桩承台构造及其与桩身的联结,以及承台座板与桩身钢筋布置图。

7.7.1　钻(挖)孔灌注桩施工图识读

1. 承台构造及其与桩身的联结

　　由图7-35可知,承台横向尺寸(垂直线路方向)为B;纵向尺寸(顺线路方向)为D;承台高度为h。桩身伸入承台座板内的长度为10 cm,桩的设计直径为d,桩纵向和横向的间距为S_d及S_b。桩的根数为4根,桩长为l。

2. 承台座板钢筋布置图

　　如图7-36所示,承台下部布置有单层钢筋网,置于桩身的顶面之上,图中t表示承台钢筋网之间距。

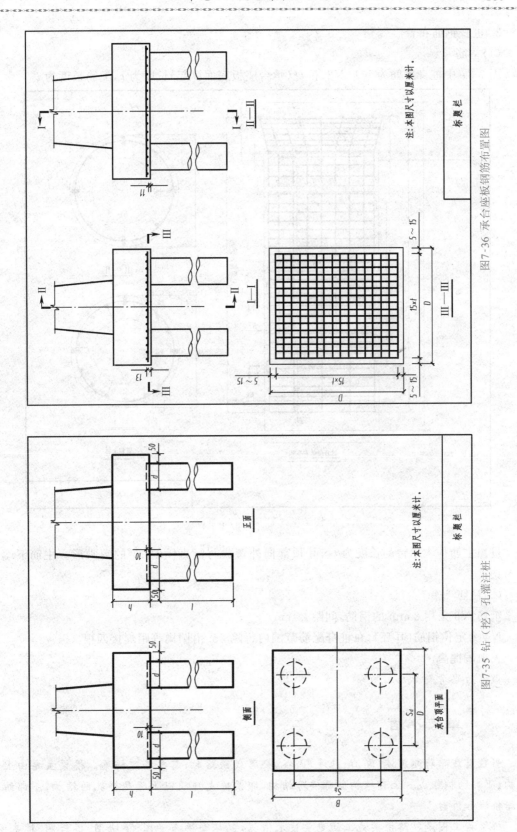

图7-36　承台座板钢筋布置图

图7-35　钻（挖）孔灌注桩

3. 桩身钢筋布置

（1）主筋

图 7-37 中桩身主筋为 $N1$、$N2$；桩身（承台座板底面算起）长度为 l，配筋长度为 l_1。

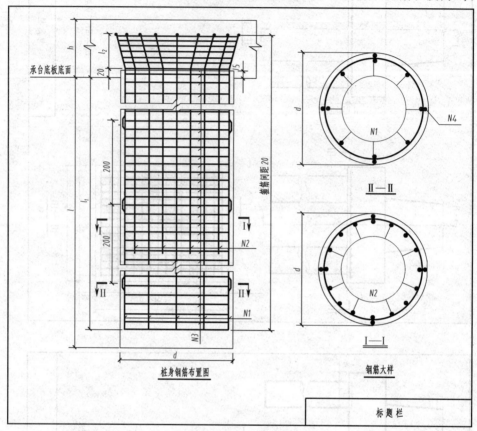

图 7-37　桩身钢筋布置图

桩顶主筋伸入承台的长度为 l_2，其顶部向外弯成与竖直倾斜 $15°$ 的喇叭形。主筋下端不设弯钩。

（2）箍筋

箍筋 $N3$ 采用 8 mm 的钢筋，间距 20 cm。

$N4$ 为定位钢筋（耳环），在桩身配筋范围内每隔 2m 沿圆周等距焊接四根。

· 巩固提高 ·

做课后思考题 7。

 单元小结

当铁道线路跨越河流、湖泊、洼地、山谷、公路或铁路时，需要修建桥梁。桥梁主要由上部结构、下部结构组成。上部结构也称桥跨结构，即梁桥支座及以上跨越桥孔的结构，下部结构包括桥墩和桥台。

桥梁施工图是铁路桥梁施工的重要技术依据，包括全桥布置图、桥墩图、桥台图、桩基图、

桥跨结构图。通过对这些图的识读,使读者了解桥梁工程图的组成及特点,掌握桥梁工程图的识读方法。本单元主要介绍了全桥布置图、桥墩图、桥台图、桩基图、桥跨结构图的表达方法和识读方法,要求学生能掌握桥梁工程制图标准的有关规定;掌握桥梁施工图的图示方法、图示内容与识读方法;提高空间想象力与提高识图能力。另需注意:识读桥梁施工图时,要多观察桥梁构筑物的实际组成和构造,多到施工现场参观正在施工的建筑物,进而熟悉构造情况,以便于在读图时加深对桥梁施工图图示方法和图示内容的理解和掌握。

课后思考题

1. 钢筋混凝土结构图的主要内容有哪些?
2. 如何识读铁路工程中常见工程建筑物和构筑物的钢筋混凝土配置图?
3. 铁路桥梁的主要组成部分是什么?
4. 铁路桥梁工程图的组成部分是哪几个?
5. 桥墩工程图主要有哪些部分?
6. 桥台工程图主要有哪些部分?
7. 钻(挖)孔灌注桩施工图有哪几个组成部分?

单元8 铁路涵洞工程图

西安发现 2000 年前巨型排水涵洞

中国社会科学院考古研究所汉长安城工作队 2008 年 5 月至 10 月对汉长安城直城门进行了首次全面考古发掘。汉长安城是闻名世界的古代都城，在长约 25 km 的城墙四周合计开了 12 座城门，其中直城门是西侧城墙三座城门中间的一座。在南门道中部地面以下 3 m 处发现一条东西向巨型砖筑地下排水涵洞，其两壁用条砖砌成，上部用楔形子母砖券顶，宽约 2 m；在北门道下也发现一条地下排水涵洞，但其在城门下为石板砌筑，城门外为砖筑，两壁与券顶皆为砖筑。两条涵洞的作用无疑是向城外排水之用，勘探表明其在城内地下仍延伸了数十米。

铁路涵洞是一种埋设在路堤下面，用来排泄少量水流或通过小型车辆和行人的建筑。本单元主要介绍铁路涵洞的图示方法与要求，并着重介绍铁路涵洞工程图的识读方法。

铁路涵洞的标准孔径采用 0.75 m、1.0 m、1.25 m、1.5 m、2.0 m、2.5 m、3.0 m、3.5 m、4.0 m、4.5 m、5.0 m、5.5 m、6.0 m。涵洞上面有回填土，一般涵洞填土高度（自涵顶至轨底）不小于 1.2 m。填土不仅可以保持路基面的连续性，而且分散了列车荷载的集中压力，并减少对涵洞的冲击力。涵洞具有比小桥施工容易、养护方便等优点。根据铁路沿线的地形、地质、水文及地物、农田等情况的不同，涵洞的种类有很多：按建筑材料分类有石涵、砖涵、混凝土涵和钢筋混凝土涵等；按洞身截面分有箱涵、拱涵、圆涵和盖板箱涵等。按孔数多少分有单孔式、双孔式和多孔式等，通常采用单孔式，水量较大时设双孔以加大宣泄能力，多孔的较少采用。

8.1　铁路涵洞的图示方法与读图要求

• 学习目标 •

了解铁路涵洞工程图的图示方法,掌握读图要求。

8.1.1　概　　述

涵洞的种类有很多,图 8 1、图 8-2 和图 8-3 所示为几种涵洞的简单构造图。

铁路涵洞主要由进水洞口、洞身、出水洞口三部分组成。进、出水洞口的作用是保证涵身基础和路基免遭冲刷,并使水流顺畅。一般进出水口均采用同一形式。常见的铁路涵洞洞口形式有八字式(翼墙式)、端墙式、锥坡式(图 8-4)等。洞口是涵洞的外露部分,构造比较复杂。埋在路基内的部分称为洞身,根据涵洞的结构不同洞身部分也有所不同。

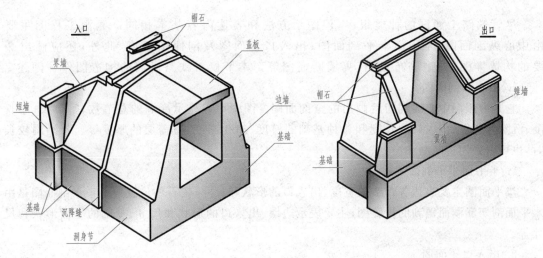

图 8-1　箱涵

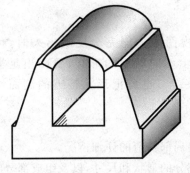

图 8-2　拱涵洞身节

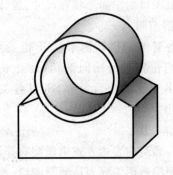

图 8-3　圆涵洞身节

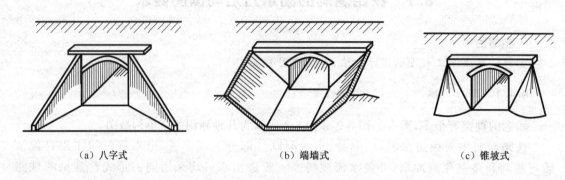

　　(a) 八字式　　　　　　　　(b) 端墙式　　　　　　　(c) 锥坡式

图 8-4　常见铁路涵洞洞口形式

8.1.2　铁路涵洞的图示方法及表达内容

　　尽管铁路上涵洞的种类很多,但图示方法和表达内容基本相同。涵洞工程图主要由中心纵剖面图、半平面半平剖面图、出入口正面图及剖面图组成,此外,还应画出必要的构造详图,如钢筋布置图、翼墙断面图等。本节仅对铁路涵洞的构造图作一阐述。

　　1. 中心纵剖面图

　　它是沿涵洞中心线剖切后画出的全剖面图。图中可以显示涵洞的总节数、每节长、总长度、沉降缝宽度、出入口的长度和各种基础的厚度、净孔高度、覆盖层的厚度等。若涵洞较长时,也可以采用折断画法。

　　2. 半平面半平剖面图

　　半平面图主要表达各管节的宽度、出入口的形状和尺寸、帽石的位置等。半平剖面图是用水平面剖切涵洞而得到的投影图,主要表示边墙、出入口的形状和尺寸、基础的平面形状和尺寸等。

　　3. 出入口正面图

　　出入口正面图就是涵洞洞口的立面图。若涵洞的出入口相同,可以只画一个正面图。该图表示出入口的正面形状和尺寸、锥体护坡的横向坡度等。

　　4. 剖面图

　　当各管节的横断面形状及相关尺寸,在上述三视图中未能完全反映出来时,可在涵洞的适当位置进行横向剖切,作出剖面图。为了表示不同断面的形状,要画出足够的剖面图。由于涵洞前后对称,所以各剖面图可只画出一半,也可把形状接近的剖面结合在一起画出。

　　5. 详　图

　　有些涵洞的表达方式中还配有详图,是为了表示出局部构造的详细情况。

　　涵洞构造图主要表达涵洞洞口、洞身的组成及各部分的形状和尺寸,以及组成部分间的连接关系,其中洞口部分的构造较为复杂,读图时应多加注意。

　　• 巩固提高 •

　　做课后思考题 1、2、3。

8.2　铁路涵洞工程图识读

• 学习目标 •

了解涵洞工程图的表达特点,学会识读圆管涵工程图。

下面以钢筋混凝土圆管涵(图 8-5)为例介绍涵洞的一般构造图,说明涵洞工程图的表达方式。

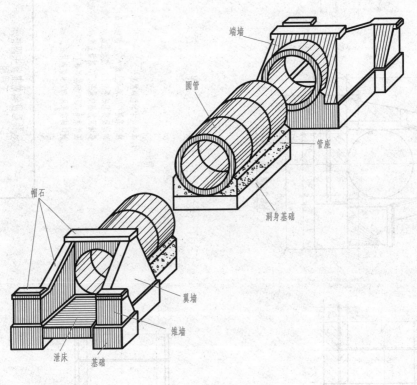

图 8-5　钢筋混凝土圆管涵

8.2.1　阅读标题栏和附注

由标题栏可知,图 8-6 所示为某铁路段钢筋混凝土圆管涵工程图,比例为 1∶50。各部分所用的材料由附注中说明。

8.2.2　分析各投影图的特点

图 8-6 共有四个投影图。

(1)中心纵剖面图是沿圆管涵中心线进行全剖后投影而得到的。因为进、出水口形式相同,管节部分形式单一,为节约图幅,中心纵剖面图采用折断画法,只画出左侧洞口和部分管节的投影图。

(2)半平面半平剖面图。该投影图的后半部分为圆管涵平面投影图,此时将涵洞上方的路基视为透明的。而前半部分是半平剖面图,剖切面是通过圆管中心的水平面。和中心纵剖面

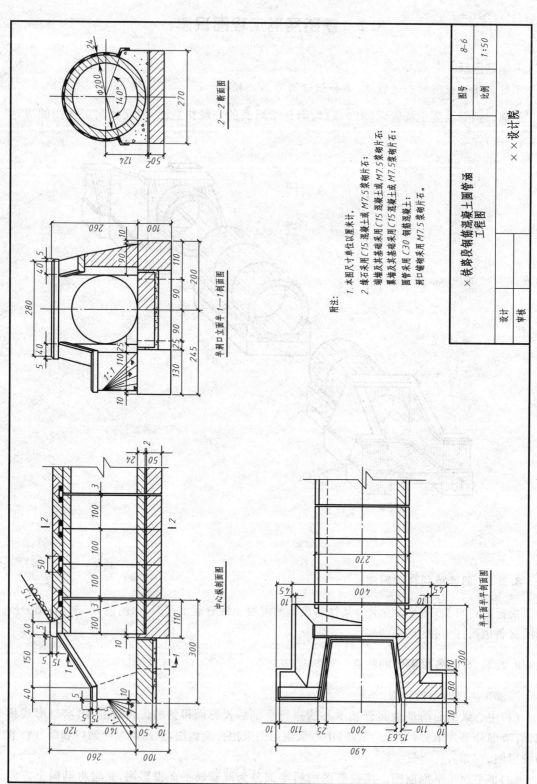

附注：
1. 本图尺寸单位以厘米计。
2. 缘石采用C15混凝土或M7.5浆砌片石；
端墙及其基础采用C15混凝土或M7.5浆砌片石；
翼墙及其基础采用C15混凝土或M7.5浆砌片石；
圆管采用C30 钢筋混凝土；
洞口铺砌采用M7.5浆砌片石。

2—2 断面图

半洞口立面半 1—1 剖面图

中心纵剖面图

半平面半平面图

× ×铁路段钢筋混凝土圆管涵
工程图

× ×设计院

	图号	8-6
	比例	1:50
设计		
审核		

图 8-6　钢筋混凝土圆管涵工程图

图相对应,该图也采用了折断画法。

(3)半洞口立面半 1-1 剖面图。左右两侧的洞口形式相同,图 8-6 所画的为左侧的半洞口立面图。1-1 剖切位置表示在中心纵断面图中。

(4)2-2 断面图。2-2 剖切位置表示在中心纵断面图中的洞身部位。

8.2.3　分析涵洞各组成部分的结构形状和尺寸大小

1. 洞　身

在图 8-6 中,由中心纵断面图和 2-2 断面图可知,每一钢筋混凝土管节长 100 cm,内径 200 cm,壁厚 24 cm。管壁下方依次是管座和洞身基础。基础的断面形状为矩形,宽 270 cm,高 50 cm。管座托住圆管,其宽度和基础相同,上表面是与圆管接触的弧面,最薄处厚度为 2 cm,左右两侧是斜面。若将两斜面延伸,可与圆管轴线相交,夹角为 140°。由中心纵断面图和平面图可以看出,每 3 节圆管放在一节基础上,合成一洞身节。两洞身节之间设置 3 cm 的沉降缝。每节管的接头处和沉降缝外包防水层,防水层宽 50 cm,防水层外包着一层黏土保护层。

2. 洞　口

在图 8-6 中,洞口由端墙、翼墙、雉墙、帽石、基础、泄床等组成。从中心纵剖面图、半平面图、半洞口立面图可以分析得出,基础是带缺口的 T 形板,厚度为 100 cm,最宽处 490 cm,最窄处 400 cm。缺口内是泄床,泄床为厚 50 cm 的梯形板,与基础之间有 3 cm 的空隙。雉墙是两条平放的梯形柱,其前侧、外侧为铅垂面,后侧倾斜于水平面。翼墙为八字式,内侧为铅垂面,外侧与水平面倾斜;它与端墙形成一个整体。端墙的前侧为铅垂面,背面为斜面。帽石放在端墙、翼墙、雉墙的上表面,是带抹角的长方体。半平面图中的曲线是圆管外表面与端墙背面交线的投影。各部分的尺寸可由图中找到。

8.2.4　单孔盖板式箱涵的识读

单孔盖板式箱涵工程图如图 8-7 所示(见书末插页),由入水口立面、Ⅰ-Ⅰ截面、出水口立面、Ⅱ-Ⅱ截面、纵断面和半平面半基顶平面图组成。识图时可按如下的步骤识读:

1. 涵洞的组成

该涵洞由入水口、出水口、洞身三部分组成,且进出水口的形状尺寸不完全相同。

2. 洞身部分

结合纵断面图、Ⅱ-Ⅱ截面图和半平面半基顶平面图可知,洞身混凝土基础厚 120 cm,宽度为 360 cm;钢筋混凝土盖板厚 25 cm,顶部设有坡度;洞内净高 250 cm,净宽 200 cm,底部设有倒角。边墙的断面呈梯形,底部厚 70 cm,内侧边竖直,外侧边倾斜。基础外侧边缘与边墙外侧边缘间设有 10 cm 宽的襟边。洞身部分设有 1% 的纵向坡度,各洞身节的长度不尽相同,两洞身节间设有 3 cm 宽的沉降缝。

3. 入水口

从纵断面图可以看出,紧靠入水口洞门有一段高度变化的抬高节,洞门和抬高节全长 435 cm。入水口洞门为翼墙式,高度为 400 cm。洞门基础厚 125 cm,帽石厚 20 cm。结合半平面半基顶平面图可以看出雉墙高 330 cm,宽 300 cm,上边有 20 cm 厚的帽石。洞门外侧设有 1:1.5 的锥形护坡,洞口铺砌一直铺至护坡脚外 100 cm 处。涵洞上方路基的边坡为 1:1.5。

4. 出水口

由图8-7可以看出,出水口和入水口的区别在于:①洞门高度不同;②紧靠洞门的洞身部分结构尺寸不同;③翼墙的长度不同;④雉墙的高度、宽度不同;⑤洞口铺砌的形状和尺寸不同。同学们可以结合图形自行分析。

·巩固提高·

做课后思考题4、5,习题集8.2.1。

单元小结

本单元重点讲述涵洞的图示特点和读图方法。识读涵洞工程图是本章的重点。

涵洞工程图一般以纵剖面图作为立面图,平剖面图作为平面图,洞口或洞身剖面图作为侧面图。读图时,注意结合几个投影图,综合想象出涵洞的结构及各组成部分的形状。涵洞洞口部分的构造较复杂,而洞身部分的构造相对简单,故在用投影图表达涵洞构造时,洞身部分可以采用折断的形式而不必完整地画出洞身的构造。

课后思考题

1. 在线路工程中涵洞有什么作用?
2. 常见的涵洞类型有哪些?
3. 涵洞工程图由哪几部分组成?
4. 读涵洞工程图时,应该注意什么事项?
5. 利用工程图如何表达涵洞的构造、形状和尺寸?

单元9 铁路隧道工程图

【知识目标】

1. 了解隧道的作用和分类;
2. 了解隧道的组成及各部分的作用;
3. 了解隧道洞门图的特征及其表达方式。

【能力目标】

1. 能正确阅读隧道洞门图;
2. 能看懂衬砌断面图和大小避车洞工程图。

【课外知识拓展】

新型切削式洞门简介

按照我国《铁路主要技术政策》的要求,隧道洞口设计要考虑生态和环保的有关要求,但铁路隧道洞门的结构形式几十年来基本无多大变化,仍然以端墙式、翼墙式等洞漳为主,因此,在修建隧道时,往往要修筑一段路堑进洞,必要时还要加筑洞口挡墙、翼墙等挡土结构,以保持边坡和仰坡的稳定。这样就不可避免地造成对洞口周围山体植被和稳定性的破坏。随着人们环保意识的提高和隧道施工技术的进步,不开挖边仰坡的、凸出式的、无洞门的洞口结构形式有了发展。采用这种结构形式最大限度地减少了施工对洞口山体的扰动和破坏(暗挖进洞),对保持洞口山体稳定和保护环境具有重要意义。

【新课导入】

在地层内挖出的各类通道均可称为隧道,如铁路隧道、公路隧道、航运隧道、输水隧道、水底隧道等。铁路隧道是为改善线路平、纵断面,减缓坡度,克服高程障碍,减少盘山绕行,避免深路堑,避开滑坡等不良地质地段,而在岩石或土体内修建的地下建筑物。本单元主要介绍铁路隧道的组成、图示方法与要求,并着重介绍铁路隧道洞门工程图的识读方法。

铁路隧道结构由主体建筑物和附属结构物两部分组成。隧道的主体建筑物是为了保持隧道的稳定、保证列车的安全运行而修建的,它由洞身衬砌和洞门组成。隧道的附属建筑物是为了养护、维修工作的需要以及供电、通信等方面的要求而修建的,它包括防排水设施、大小避车洞、电缆槽、长大隧道的通风设施等。

9.1 铁路隧道洞门图示方法

·学习目标·

了解铁路隧道洞门的不同类型及构造,正确识读翼墙式隧道洞门图。

铁路隧道工程图除了用平面图表示位置外,主要图样还包括纵断面图、隧道洞门图、横断面图(表示洞身形状和衬砌)及避车洞图等。隧道洞身虽然形体很长,但中间断面很少变化。本章就铁路隧道洞门图、衬砌断面图、避车洞图作一介绍。

9.1.1 隧道洞门的作用和形式

洞门位于隧道的两端,是隧道的外露部分,俗称出入口。它一方面起着稳定洞口仰坡坡脚的作用,另一方面也有装饰美化洞口的效果。根据地形和地质条件的不同,隧道洞门可以采用环框式、端墙式、翼墙式、柱式和台阶式等形式,如图 9-1 所示。

(a)环框式洞门   (b)端墙式洞门   (c)翼墙式洞门

(d)柱式洞门   (e)台阶式洞门

图 9-1 隧道洞门

(1)环框式洞门。将衬砌略伸出洞外,增大其厚度,形成洞口环框,适用于洞口石质坚硬、地形陡峻而无排水要求的场合。

(2)端墙式洞门。适用于地形开阔、地层基本稳定的洞口。其作用在于支护洞口仰坡,并将仰坡水流汇集排出。

(3)翼墙式洞门。在端墙的侧面加设翼墙,用以支撑端墙和保护路堑边坡的稳定,适用于地质条件较差的洞口;翼墙顶面和仰坡的延长面一致,其上设置水沟,将仰坡和洞顶汇集的地表水排入路堑边沟内。

（4）柱式洞门。当地形较陡，地质条件较差，且设置翼墙式洞门又受地形条件限制时，可在端墙中设置柱墩，以增加端墙的稳定性，这种洞门称为柱式洞门。它比较美观，适用于城郊、风景区或长大隧道的洞口。

（5）台阶式洞门。在傍山地区，为了降低仰坡的开挖高度，减少土石方开挖量，可将端墙顶部作成与地表坡度相适应的台阶状，称为台阶式洞门。

9.1.2　隧道洞门图

现以图 9-2 所示的翼墙式洞门为例，说明其各部分的构造和表达方法。

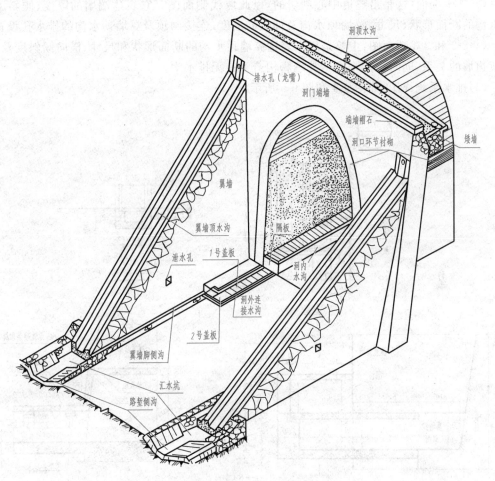

图 9-2　翼墙式洞门的构造

1. 洞门的组成及构造

（1）端墙：洞门端墙由墙体、洞口环节衬砌及帽石等组成。它一般以一定坡度倾向山体，以保持仰坡稳定。

（2）翼墙：位于洞口两边，呈三角形，顶面坡度与仰坡一致，后端紧贴端墙，并以一定坡度倾向路堑边坡，同时起着稳定端墙和路堑边坡的作用。

（3）洞门排水系统：该系统主要包括洞顶水沟（其坡面的投影关系如图 9-3 所示，见书末插页)、翼墙顶水沟、洞内外连接水沟、翼墙脚水沟、汇水坑及路堑侧沟等。其中洞顶水沟位于洞门端墙顶与仰坡之间,沟底由中间向两侧倾斜,并保持底宽一致。沟底两侧最低处设有排水孔,它穿过端墙,把洞顶水沟的水引向翼墙顶水沟。

2. 洞门的表达(图9-3,见书末插页)

(1)正面图:它是从翼墙端部竖直剖切以后,再沿线路方向面朝洞内对洞门所作的立面投影,实际也是一个剖面图。主要是表达洞门端墙的形式、尺寸、洞口衬砌的类型、主要尺寸、翼墙的位置、横向倾斜度以及洞顶水沟的位置、排水坡度等,同时也表达洞门仰坡与路堑边坡的过渡关系。

(2)平面图:主要是表达洞门排水系统的组成及洞内外水的汇集和排除路径。另外,也反映了仰坡与边坡的过渡关系。为了图面清晰,常略去端墙、翼墙等的不可见轮廓线。

(3)1-1剖面:这是沿隧道中心剖切的,以此取代侧面图。它表达端墙的厚度、倾斜度,洞顶水沟的断面形状、尺寸,翼墙顶水沟及仰坡的坡度,连接洞顶及翼墙顶水沟的排水孔设置等。

(4)2-2和3-3断面图:主要是用来表达翼墙顶水沟的断面形状和尺寸、横向倾斜度及其与路堑边坡的关系,同时也用来表达翼墙脚构造上有无排水沟。

(5)排水系统详图:如图9-4和图9-5所示。

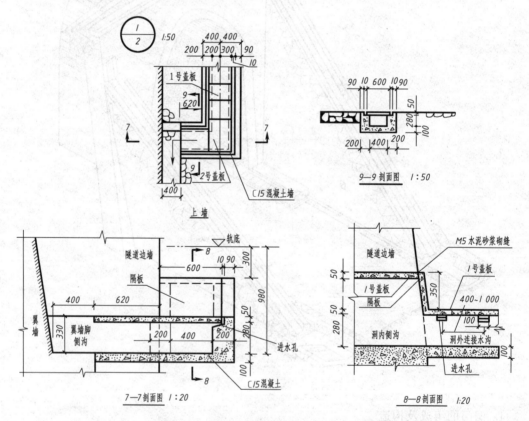

图9-4　隧道内外侧沟连接(单位:mm)

图9-4中的⊕详图是图9-3平面图中⊕节点的放大图,它主要表达洞外连接水沟上的盖板布置,该详图虽然采用了较大的比例(1:50),但由于某些细部的形状、尺寸和连接关系仍未表达清楚,故又在该详图上作了7-7、9-9剖面图,并用更大的比例(1:20)画出。7-7、8-8和9-9剖面图主要是表达洞内水沟与洞外连接水沟的构造及其连接情况。图9-5中的4-4和5-5剖

面图分别表达左右侧汇水坑的构造、作法及与翼墙端面的关系。6-6 是一个复合断面图，左、右两边分别表示离汇水坑远、近处路堑侧沟的铺砌情况。

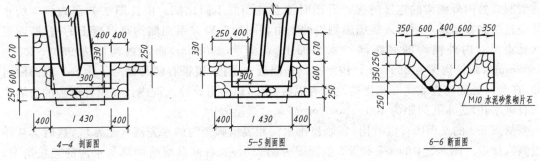

4—4 剖面图　　　　　　　5—5 剖面图　　　　　　　6—6 断面图

图 9-5　隧道外侧沟(单位：mm)

3. 隧道洞门图的识读

(1)总体了解。由图名知图 9-3 所示是翼墙式隧道洞门图，图内尺寸单位是 mm。

(2)本图共有五个图形。正面图是从翼墙的最前端剖切后得到的投影图；平面图是水平投影；1-1 剖面图的剖切位置和投影方向表示在正面图中。2-2 和 3-3 断面图剖切位置表示在 1-1 剖面图中。

(3)分析各组成部分的形状和尺寸。

① 端墙和端墙顶水沟

从正面图和 1-1 剖面图中可以看出，洞门端墙靠山坡倾斜，倾斜度为 10∶1。端墙长 10 260 mm，墙厚在水平方向为 800 mm。墙顶上设有顶帽，顶帽上部的前、左、右均做成高为 100 mm 的抹角。墙顶背后有水沟，由正面图中的虚线可知水沟是从墙的中间向两旁倾斜的，坡度 $i=5\%$。结合平面图可以看出，端墙顶水沟的两端有厚为 300 mm、高为 2 000 mm 的矮墙，其形状用虚线表示在 1-1 剖面图中。沟中的水通过埋设在端墙体内的水管流到墙面上的凹槽内，然后流入翼墙顶部的排水沟内。

由于端墙顶水沟靠山坡一边的水沟边墙上表面是向左右两边倾斜的正垂面，所以它与洞顶仰坡相交产生两条一般位置的直线，平面图中最后面的两条斜线就是这两条线的水平投影。由于水沟边墙上表面和沟底都是向两边倾斜的正垂面，所以这些倾斜平面的交线是正垂线，其水平投影与隧道中线重合。

水沟靠山坡一侧的沟壁是铅垂的。靠洞口一侧的沟壁是倾斜的，但此沟壁不能做成平面，如果它是一个倾斜平面，则必与向两边倾斜的沟底交出两条一般位置直线，致使沟底随着水沟的不断加深而变窄。为了保持沟底宽度(600 mm)不变，工程上常将此沟壁做成扭曲面。该扭曲面的上下边为两条异面曲线，沟壁的坡度随着沟底的不断加深而变陡。

② 翼墙

由正面图和平面图看出，翼墙在端墙的前面，线路两侧各有一堵，分别向两侧的山坡倾斜，坡度为 10∶1。结合 1-1 剖面图可以看出，翼墙形状是一个三棱柱。从 2-2 断面图中可以了解到翼墙的厚度、基础的厚度和高度，以及墙顶排水沟的断面形状和尺寸。由平面图可以看出翼墙墙脚处有翼墙侧沟，侧沟的断面形状和尺寸由 3-3 断面可以看出。由 3-3 断面图还可以看出翼墙基础高度变化的情况。1-1 剖面图还表示了翼墙内的泄水孔尺寸为 100 mm×150 mm，用于排除翼墙背后的积水。

③ 侧沟

图 9-4 中的详图 ⊕ 的位置表示在图 9-3 中的平面图内,它与 7-7、8-8、9-9 剖面图共同表示隧道洞口处内外侧沟的连接情况。看图时注意各图的不同比例。由详图 ⊕ 知洞内侧沟的水是经过两次直角转弯后流入翼墙脚侧沟的。由各图的对应关系知侧沟是混凝土的槽,断面形状是矩形。内外侧沟的底在同一水平面上,沟宽为 400 mm,而洞内沟深为 980－300＝680(mm),洞外沟深为 280 mm。沟上有钢筋混凝土盖板,盖板有两种编号。由 8-8 剖面图可知,在洞口处侧沟边墙高度变化的地方有隔板封住,以防道砟掉入沟内。在洞外侧沟的边墙上开有进水孔,进水孔间距为 400～1 000 mm。

从图 9-3 的平面图可以看出,翼墙顶排水沟和翼墙脚侧沟的水先流入汇水坑,然后再从路堑侧沟排走。图 9-5 中的 4-4 和 5-5 剖面图分别表示左、右侧翼墙前端部与水沟的连接情况,6-6 断面图的右边表明靠近汇水坑处的铺砌情况,左边表明离汇水坑较远处的铺砌情况。4-4、5-5、6-6 剖切位置均标注在图 9-3 中的平面图中。

• 巩固提高 •

做课后思考题 1、2、3 及习题集 9.1.1。

9.2　铁路隧道衬砌断面、避车洞图示方法

• 学习目标 •

正确识读隧道衬砌、避车洞图。

9.2.1　衬砌断面图

铁路隧道是地下建筑物,其洞内衬砌主要承受围岩的压力。因此洞内衬砌根据围岩的类别不同分为不同的结构类型。表达隧道衬砌结构的图叫做隧道衬砌断面图。图 9-6 是隧道衬砌结构断面的一种,它包括两侧的边墙,顶上的拱圈。由此图可知,两侧边墙基本上是长方体,

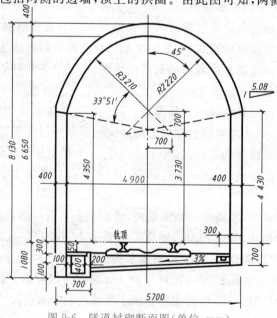

图 9-6　隧道衬砌断面图(单位:mm)

只有墙顶面有 1:5.08 的坡度,此坡面也称拱圈的起拱线,分别通过相应的圆心。边墙是直线形的叫直墙式衬砌,边墙是曲线形的叫曲墙式衬砌。无论是直墙式还是曲墙式,其拱圈一般都由三段圆弧构成,且三段圆弧光滑连接,故称三心拱。最下部是混凝土铺底,它有一定的横向坡度($i = 0.03$),以利排水。衬砌下面两侧分别设有洞内水沟和电缆槽。图中竖直方向的定位尺寸均是以轨顶线为基准而标注的。

9.2.2　大小避车洞图

隧道内有大小两种避车洞,是供维修人员和运料小车避让列车用的。大避车洞还可以堆放一些必要的维修材料和工具。它们沿线路方向交错设置在隧道两侧的边墙上。通常每侧相隔 300 m 设置一个大避车洞,在每侧大避车洞之间每隔 60 m 设置一个小避车洞。

避车洞图包括大小避车洞位置图(图 9-7)和大小避车洞详图(图 9-8、图 9-9)。

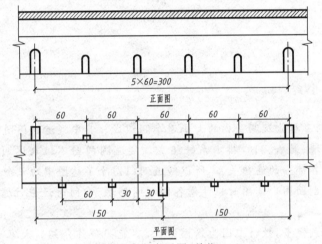

图 9-7　避车洞布置图(单位:m)

大小避车洞位置图表示隧道内大小避车洞交错设置的情况。由于隧道纵向尺寸比横向尺寸大得多,为节省图幅,纵横方向可采用不同的比例,纵向常用 1:2 000,横向常用 1:200。

大小避车洞详图表示大小避车洞的详细形状、构造和尺寸等,也是施工的重要依据之一。由图 9-8 知,大避车洞宽 4 m,深 2.5 m,中心高 2.8 m;由图 9-9 知,小避车洞宽 2 m,深 1 m,中心高 2.2 m。洞内底面做成斜坡以供排水之用。大小避车洞均用混凝土衬砌。

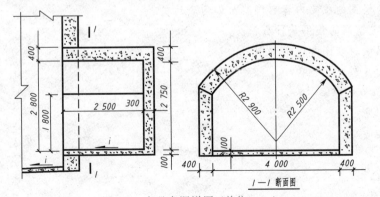

图 9-8　大避车洞详图(单位:mm)

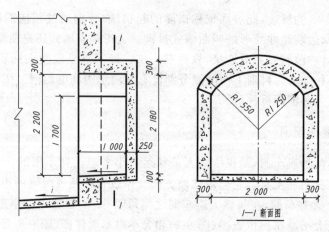

图 9-9　小避车洞详图(单位:mm)

做课后思考题 4、5。

单元小结

　　隧道由洞门、洞身衬砌及洞身内的大小避车洞组成。其中隧道洞门图是本单元学习重点。

　　隧道洞门由端墙、翼墙、洞口排水系统组成。隧道洞门图不仅表达洞门各组成部分的构造、尺寸,还表达了各部分的连接关系,所以隧道洞门图除了总图中的三个基本投影图外,还有各部分的断面图或剖面图。读图时应注意各图之间的联系,同时还应注意因表达需要而设置的不同比例。

　　隧道洞门的形式较多,教材中因为篇幅关系,不能一一作介绍。大家可以举一反三,试着去读具有同样表达特点的不同形式的洞门图。

课后思考题

　　1. 隧道由哪几部分构成?

　　2. 隧道洞门有哪些形式?

　　3. 隧道洞门图的主要内容有哪些? 如何表达的?

　　4. 衬砌、避车洞的作用是什么?

　　5. 如何识读衬砌图和避车洞图。

单元10 建筑工程图

【知识目标】
1. 了解房屋建筑施工图中的平面图、立面图、剖面图等各类图示方法；
2. 了解房屋结构施工图的图示方法。

【能力目标】
1. 能正确识读建筑图和结构图；
2. 能独立完成平面图的绘制。

【课外知识拓展】

上海世茂国际广场，位于上海市南京路步行街起点(靠近人民广场)，总建筑面积近 17 万 m^2，主体建筑高达 333m，居浦西楼宇之冠，十里南京路的繁华全貌尽收眼底，其鲜明独特的建筑艺术已成为南京路又一标志性景观。作为上海近代商业发祥地的南京路，集合了四大百货商厦——先施、永安、新新、大新，是当时中国国内最摩登的大型商场和百货业的魁首。现代的南京路已然成为了现代商业的展示台和竞技场。据统计，南京路全天候步行商业街两年间就累计接待各地游客 8 亿人次。蜂拥而至的客流带来了强劲的购买力。

【新课导入】

建造房屋首先要进行设计，包括建筑设计、结构设计，以及给水排水设计、采暖通风设计和电气设备设计。由此可见，建筑工程图由以上这些施工图共同组成。本单元主要学习建筑施工图和结构施工图的表达方式。

10.1 房屋建筑施工图总述

·学习目标·
掌握建筑施工图中各种常用的符号。

10.1.1 建筑的分类与组成

房屋按使用功能可以分为民用建筑、工业建筑和农业建筑。民用建筑又分为居住建筑和公共建筑。

（1）民用建筑：如住宅、宿舍等，称为居住建筑，学校、医院、车站、旅馆、剧院等，称为公共建筑。

（2）业建筑：如厂房、仓库、动力站等。

（3）业建筑：如粮仓、饲养场、拖拉机站等。

各种不同功能的房屋，一般都是由基础、墙、柱、梁、楼板、地面、楼梯、屋顶、门、窗等基本部分所组成，此外，还有阳台、雨篷、台阶、窗台、雨水管、明沟或散水，以及其他的一些构配件，如图 10-1 所示。

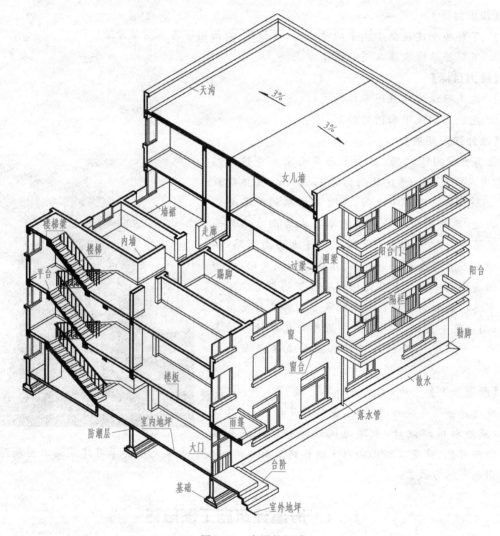

图 10-1　房屋的组成

房屋施工图通常有：建筑施工图、结构施工图和设备施工图，简称"建施""结施"和"设施"。而设备施工图则按需要有给水排水施工图、采暖通风施工图、电气施工图等，简称"水施""暖施""电施"。一栋房屋的全套施工图的编排顺序一般应为：图纸目录、总平面图及施工总说明、建筑施工图、结构施工图、给水排水施工图、采暖通风施工图、电气施工图等。

建筑施工图是表示建筑的总体布局、外部造型、内部布置、细部构造、内外装饰、固定设施的施工要求的图样。一般包括：图纸目录、总平面图、施工总说明、门窗表、建筑平面图、建筑立面图、建筑剖面图和建筑详图等。

10.1.2　施工图中常用的符号

1. 定位轴线及编号

（1）定位轴线的画法

凡承重的墙、柱子、大梁、屋架等构件，都要画出定位轴线并对轴线进行编号，以确定其位置。对于非承重的分隔墙、次要构件等，有时用附加轴线（分轴线）表示其位置，也可注明它们与附近轴线的相关尺寸以确定其位置。

定位轴线应用细单点画线绘制，轴线末端画细实线圆圈，直径为 8～10 mm。

定位轴线圆的圆心应在定位轴线的延长线上，且圆内应注写轴线编号，如图 10-2 所示。

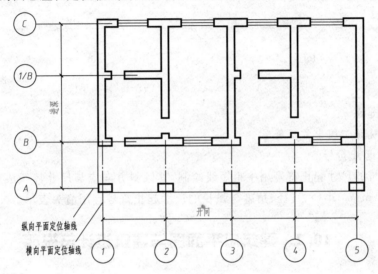

图 10-2　定位轴线及编号方法

定位轴线分为横向定位轴线和纵向定位轴线。规定横向定位轴线编号用阿拉伯数字，自左向右顺序编写；纵向轴线编号用拉丁字母（除 I、O、Z），自下而上顺序编写。每相邻两根横向定位轴线间的距离称为开间，每相邻两根纵向定位轴线间的距离称为进深。

附加定位轴线的编号采用分数表示，分母表示前一轴线的编号；分子表示附加轴线编号。

（2）定位轴线的编号

平面图上定位轴线的编号，宜标注在图样的下方与左侧，如图 10-2 所示。在两轴线之间，有的需要用附加轴表示，附加轴线用分数编号，如图 10-3 所示。

图 10-3　附加定位轴线及编号方法

2. 标高

标高是标注建筑物高度方向的一种尺寸形式。既有绝对标高与相对标高之分,又有建筑标高与结构标高之分,但均以米为单位。

(1)个体建筑物图样上的标高符号,以细实线绘制,通常用 10-4(b)所示的形式。

(2)总平面图上的标高符号,宜用涂黑的三角形表示,具体画法如图 10-4(a)所示。

(3)标高数字应以米为单位,注写到小数点后第三位;总平面图上的标高数字注写到小数点后第二位。在数字后面不注写单位,零点标高应注写成±0.000,低于零点的负数标高前应加注"—"号,高于零点的正数标高前不注"+",如图 10-4 所示。其中,图(a)为总平面图标高;图(b)为零点标高;图(c)为负数标高;图(d)为正数标高;图(e)为一个标高符号标注多个标高数字 。当图样的同一位置需表示几个不同的标高时,标高数字可按图 10-4(e)的形式注写。

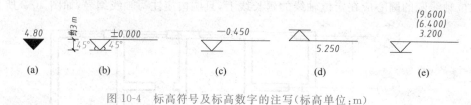

图 10-4   标高符号及标高数字的注写(标高单位:m)

· 巩固提高 ·

熟悉建筑施工图中常用符号。

3. 尺寸起止符号

房屋建筑的尺寸起止符号用中粗短线绘制,其倾斜方向应与尺寸界线成顺时针 45°角,长度宜为 2~3 mm。半径、直径、角度与弧长的尺寸起止符号宜用箭头表示。

10.2   建筑总平面图与建筑设计总说明

· 学习目标 ·

了解建筑总平面图的内容和识读方法。

10.2.1   建筑总平面图的概念

将新建工程四周一定范围的新建、拟建、原有和拆除的建筑物、构筑物连同其周围的地形、地物状况用水平投影方法和相应图例画出的图样即为总平面图。

建筑总平面图是表明新建房屋所在基地范围内的总体布置,它反映新建房屋、构筑物的位置和朝向,室外场地、道路、绿化等的布置,地形、地貌、标高等以及与原有环境的关系和邻界情况等。它是新建建筑物施工定位及施工总平面设计的重要依据。

总平面图一般采用 1∶500、1∶1 000、1∶2 000 的比例,以图例来表示新建、原有、拟建的建筑物,附近的地物、地貌、交通和绿化布置。绘制总平面图时,新建建筑采用粗实线,原有建筑采用细实线绘制。

在大范围和复杂地形的总平面图中,为了保证施工放线正确,往往以坐标表示建筑物、道路或管线的位置。坐标有测量坐标与施工坐标两种系统。测量坐标网应画成交叉十字线,坐标代号宜用"X、Y"表示;施工坐标网应画成网格通线,坐标代号宜用"A、B"表示。

10.2.2 建筑设计总说明

1. 设计依据

建筑设计的依据文件包括政府的有关批文和相关规范,这些批文主要有两个方面的内容:一是立项,二是规划许可证等。

2. 项目概况

内容一般包括建筑名称、建设地点、建设单位、建筑面积、用地面积、建筑工程等级、设计使用年限、建筑层数和建筑高度、防火设计建筑分类和耐火等级、人防工程防护等级、屋面防水等级、地下室防水等级、抗震设防烈度等,以及能反映建筑规模的主要技术经济指标,如住宅的套型和套数、旅馆的客房间数、医院的床位数、车库的停车泊位数等。

3. 设计标高

在图纸中,标高表示建筑物的高度,标高单位以米计,一般注写到小数点后三位,总平面图上注写到小数点后两位。标高分为相对标高和绝对标高。以建筑物底层室内主要地面定为零点的标高为相对标高;以黄海某处海平面的平均高度为零点的标高为绝对标高。建筑设计说明中原则上要说明相对标高与绝对标高的关系。

相对标高又可分为建筑标高和结构标高,装饰完工后的表面高度,称为建筑标高;结构梁、板上下表面的高度,称为结构标高。装饰工程虽然都是表面工程,但是它也是占据一定的厚度,分清装饰面与结构表面的位置,是非常必要的,以防把数据读错。

4. 做法说明、室内外装修和施工要求

墙体、墙身防潮层、地下室防水、屋面、外墙面、勒脚、散水、台阶、坡道、涂料等材料和做法,可以文字说明或详图表达。施工要求包含两个方面的内容,一是要严格执行施工验收规范中的规定,二是对图纸中的不详之处的补充说明。

· 巩固提高 ·

掌握并熟悉总平面图的主要内容。

10.3 建筑平面图

· 学习目标 ·

了解建筑平面图的主要类型,并掌握底层平面图的识读方法。

10.3.1 建筑平面图的概念

建筑平面图是房屋的水平剖面图,也就是用一个假想的水平面,在窗台之上剖开整栋房屋,移去上半部分,对剖切平面以下部分所做出的水平投影图,即为建筑平面图,简称平面图,如图 10-5 所示。建筑平面图是施工放线、砌筑墙体、安装门窗、做室内装修及编制预算、备料等的基本依据。建筑平面图应包括被剖切到的断面、可见的建筑构造和必要的尺寸、标高等内容。

10.3.2 建筑平面图的数量及内容分工

一般说来,房屋有几层,就应画出几个平面图,并在图的下面注明相应的图名,如底层平面图、二层平面图等。如果上下各楼层的房间数量、大小等布置都一样时,则相同的楼层可用一

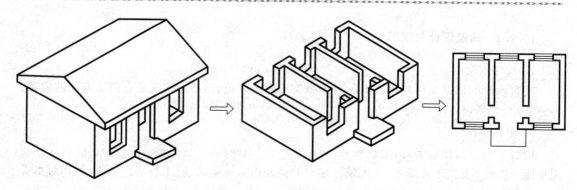

图 10-5　建筑平面图的形成

个平面图表示,称为标准层平面图或××层平面图。若建筑平面图左右对称时,也可将两层平面图画在同一个平面图上,左边画出一层的平面图,右边画出另一层的平面图,中间画一对称符号作分界线,并在图的下边分别注明图名。

　　房屋的平面图是由底层平面图、标准层平面图、顶层平面图和屋顶平面图组成的。在绘制平面图时,除基本内容相同外,房屋中的个别构配件应该画在哪一层平面上是有分工的。具体来说,底层平面图除表示该层的内部形状外,还画有室外的台阶、花池、散水(或明沟)、雨水管和指北针,以及剖面的剖切符号,如 1—1、2—2 剖面符号等,以便与剖面图对照查阅。房屋中间层(标准层)平面图除了表示本层室内形状外,需要画上本层室外的雨篷、阳台等。屋顶平面图,是房屋顶面的水平投影图,它用来表示屋面的排水方向、屋面坡度、雨水管位置等。

　　底层平面图中,可以只在墙角或外墙的局部分段画出散水(或明沟)的位置。

　　门、窗和设备等均采用国家规定的图例来表示,见表 10-1。

表 10-1　建筑施工图常用图例

序号	名称	图 例	说 明	序号	名称	图 例	说 明
1	楼梯		1. 上图为底层楼梯平面,中图为中间层楼梯间平面,下图为顶层楼梯平面。 2. 楼梯的形式及步数应按实际情况绘制	3	单扇门(包括平开或单面弹簧门)		1. 门的名称代号用 M 表示。 2. 剖面图中左为外,右为内,平面图中下为外,上为内。 3. 立面图上开启方向线交角的一侧为安装合页的一侧
2	空门洞		h 为门洞高度 $h=$	4	双扇双面弹簧门		实线为外开,虚线为内开 1. 平面图上门线应 90° 或 45° 开启,开启弧线宜画出 2. 立面图上的开启线在一般设计图上可不表示 3. 立面形式按实际情况绘制

序号	名称	图　例	说　明	序号	名称	图　例	说　明
5	双扇门（包括平开或单面弹簧门）	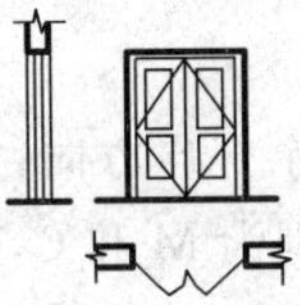		7	推拉窗	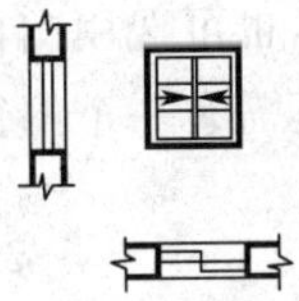	3. 剖面图中左为外，右为内，平面图中下为外，上为内。 4. 平、剖面图上，虚线仅说明开关方式，在设计图中不需表示。 5. 窗的立面形式按实际情况绘制。 6. 小比例绘图时，平、剖面图的窗线可用单粗实线表示
6	单层外开平开窗	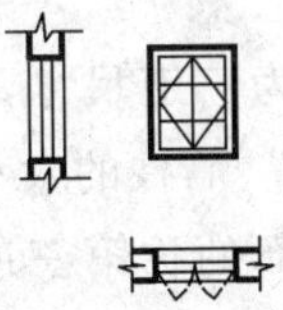	1. 窗的名称代号用 C 表示。 2. 立面图中的斜线表示窗的开启方向，虚线为内开，实线为外开。斜线交角的一侧为安装合页一侧，一般设计图中可不表示				

10.3.3　建筑平面图上应表达的内容要求

（1）承重墙、柱及定位轴线和轴线编号，内外门窗位置、编号及定位尺寸，门的开启方向，房间名称或编号。

（2）轴线总尺寸或称外包总尺寸、轴线之间定位尺寸（柱距、开间、跨度）、门窗洞口尺寸、分段细节尺寸。

（3）墙身厚度（包括承重墙和非承重墙），柱宽、进深尺寸及其与轴线的关系尺寸（也有墙身厚度、柱尺寸在建筑设计说明中注写的）。

（4）变形缝的位置、尺寸和做法索引。

（5）主要建筑设备、固定家具的位置及相关做法的索引，如卫生器具、雨水管、水池、台、橱柜、隔断等。

（6）电梯、自动扶梯及坡道、楼梯位置和楼梯上下方向及编号。

（7）主要结构和建筑构造部件的位置、尺寸和做法索引，如中庭、天窗、地沟、重要设备或设备基座的位置、尺寸，如各种平台、夹层、上人孔、阳台、雨棚、台阶、坡道、散水、明沟等。

（8）楼地面预留孔洞和通气管道、管线竖井、烟囱等位置、尺寸和做法索引，以及墙体预留洞的位置、尺寸与标高或高度等。

10.3.4　建筑平面图上应表达的内容要求

1. 比例与图例

建筑平面图的比例应根据建筑物的大小和复杂的程度选定，常用比例为 1：50、1：100、1：200，多用 1：100。

2. 图线

平面图上的线型粗细应分明。被剖切到的墙、柱等断面轮廓线用粗实线画出。砖墙一般不画图例,钢筋混凝土的柱和墙的断面通常涂黑表示。粉刷层在 1∶100 的平面图中不必画出;当比例为 1∶50 或更大时,则要用细实线画出。没有剖切到的可见轮廓线,如窗台、台阶、明沟、楼梯和阳台等用中实线画出。表示剖面位置的剖切位置线及剖视方向线,均用粗实线绘制。尺寸线与尺寸界线、标高符号、定位轴线等用细实线和细点画线画出。

3. 门窗布置及编号

门与窗均按图例画出,门线用 90° 或 45° 的中实线(或细实线)表示开启方向;窗线用两条平行的细实线图例(高窗用细虚线)表示窗框与窗扇。门窗的代号分别为 M 和 C,当设计选用的门、窗是标准设计时,也可选用门窗标准图集中的门窗型号或代号来标注。为了方便工程预算、订货与加工,通常还需有一个门窗明细表,列出该房屋所选用的门窗编号、洞口尺寸、数量、采用标准图集及编号等。

4. 尺寸与标高

标注的尺寸包括外部尺寸和内部尺寸。外部尺寸从里往外通常为三道尺寸,一般注写在图形下方和左方,第一道尺寸为细部尺寸,表示门窗洞口的宽度的位置、墙柱的大小和位置等;第二道尺寸表示轴线间的距离,通常为房间的开间和尺寸进度;最外面的称第三道尺寸,表示轮廓的总尺寸,即指从一端外墙边到另一端外墙边的总长和总宽尺寸。内部尺寸用于表示室内的门窗洞、孔洞、墙厚、房间净空的固定设施等的大小和位置。注写楼、地面标高,表明该楼、地面对首层地面的零点标高的相对高度。注写的标高为装修后完成面的相对标高,也称注写建筑标高。

5. 其他标注

房间应根据其功能注上名称或编号。楼梯间用图例按实际梯段的水平投影画出,同时还要表示上下关系。首层平面图还应画出指北针。同时,建筑剖面图的剖切符号也应在首层平面图上标示。当平面图上某一部分另有详图标示时,应画上详图索引符号。对于部分用文字更能标示清楚,或者需要说明的问题,可在图上用文字说明。

10.3.5　识读建筑平面图示例

(1) 图 10-6 是某单位员工宿舍楼的二层平面图。绘图比例 1∶100。房屋平面外轮廓总长为 21 200 mm,总宽为 19 900 mm,总体是一个 U 形结构。每个宿舍的门为 JM0921,其中 JM 的意思是胶合板门,0921 代表门的宽和高(宽 900 mm,高 2 100 mm)。宿舍里卫生间的门为 JM0821。每间宿舍还各设置了一个窗 TLC1815,其中 TLC 的意思是推拉窗,1815 代表窗宽和高(宽为 1 800 mm,高为 1 500 mm)。卫生间和楼梯间的窗分别是 GC0909 和 TLC1515,其中 GC 的意思是高窗。

(2) 房屋平面分隔与布置情况。此宿舍楼二层有六间宿舍,每间宿舍各有一个独立的卫生间,卫生间内各有一个坐便器、洗手池和淋浴喷头。此宿舍楼有两个楼梯间分别位于两侧的中间,楼梯间的开间是 6 300 mm,进深是 2 400 mm。

(3) 定位轴线。平面图中横向定位轴线有①—⑤,纵向定位轴线有Ⓐ—Ⓔ。其中每根横向定位轴线上各有五个柱子,每根纵向轴线上各有四个柱子。在此建筑平面图中柱截面的尺寸没有注出,会在结构图中表明。

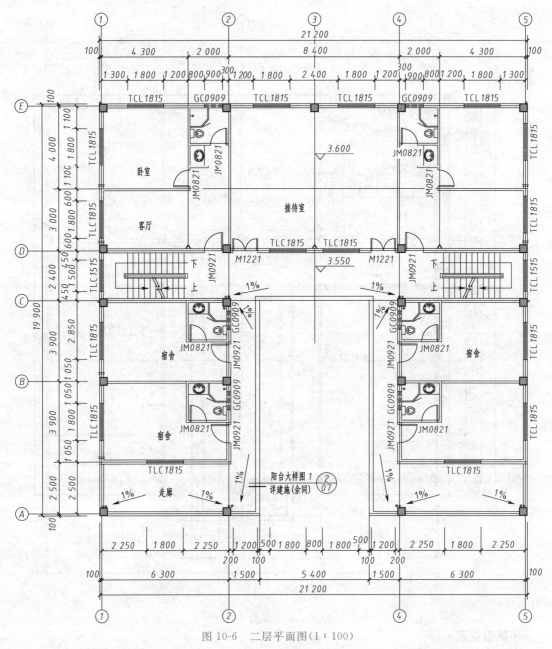

图 10-6　二层平面图(1:100)

（4）地面标高。二层室内标高是 3.600 m，标在了接待室处。

（5）尺寸标注。由各平面图中有外部尺寸和内部尺寸标注，可知各房间的开间、进深、门窗及室内设备的大小、位置，如接待室的开间为 8 400 mm，进深为 7 000 mm。

如果房屋前后或左右不对称时，则平面图上的四周都应分别标注三道尺寸，相同的部分不必重复标注。另外，台阶、花池及散水（或明沟）等细部的尺寸，可以单独标注。

由图 10-7 一层平面图知，从室外地面上了三个台阶到达一层室内地面，一层室内地面标高为±0.000，一层卫生间地面标高为 -0.100 m；在 ⓒ—ⓓ 轴线间有 1—1 剖切符号，外墙周围有散水和落水管，其他布局与二层平面图类似。建筑平面图除了以上讲述的底层、二层平面图以外，还应有顶层平面图和屋顶平面图，这里就不再讲述了。

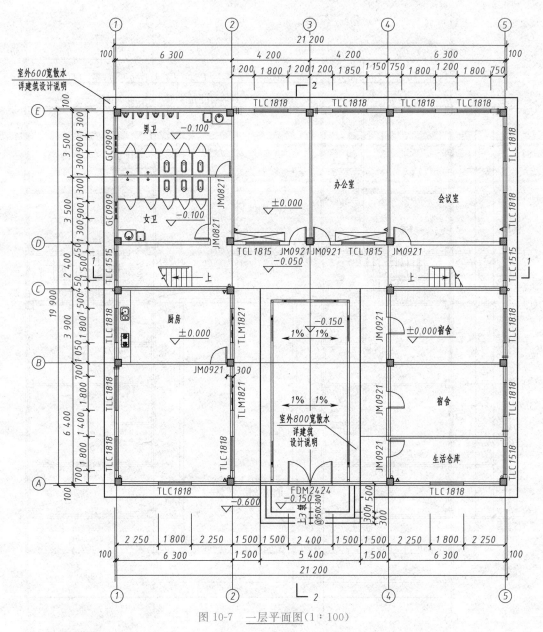

图 10-7   一层平面图(1：100)

· 巩固提高 ·

掌握并熟悉底层平面图的识读方法。

10.4　建筑立面图

· 学习目标 ·

了解建筑立面图的主要类型,并掌握正立面图的识读方法。

10.4.1　概述

建筑立面图是建筑物外墙在平行于该外墙面的投影面上的正投影图,如图 10-8 所示。

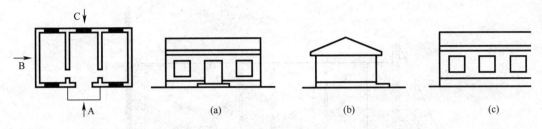

图 10-8　建筑立面图的形成

　　一座建筑物是否美观,在于主要立面的艺术处理、造型与装修是否优美。立面图就是用来表示建筑物的外形和外貌,并表明外墙面装饰要求等的图样。它主要用来表示房屋的体型和外貌、外墙装修、门窗的位置与形式,以及遮阳板、窗台、雨篷、雨水管、引条线、勒脚、平台、台阶等构造和配件各部位的标高和必要的尺寸。建筑立面图在施工过程中,主要用于室外装修。

10.4.1　建筑立面图的数量与命名

1. 数量

　　根据定义,建筑物有几个立面就应画出几个立面的正投影图,但是若有些立面的形状、布置一样时,可以合画一张立面图。

　　2. 命名方法

　　建筑立面图的命名方法有三种:

　　第一种:通常把房屋的主要出人口或反映房屋外貌特征的那一面的立面图,称为正立面图,其背后的立面图称为背立面图,自左向右观看得到的立面图称为左立面图,自右向左观看得到的立面图称为右立面图。

　　第二种:按房屋朝向来命名立面图,如南立面图、北立面图、东立面图和西立面图。

　　第三种:按立面图两端的定位轴线来命名。当某些房屋的平面形状比较复杂,还需加画其他方向或其他部位的立面图。

　　房屋立面如果有一部分不平行于投影面,例如成圆弧形、折线形、曲线形等,可将该部分展开到与投影面平行,再用正投影法画出其立面图,但应在图名后注写“展开”两字。对于平面为回字形房屋,它在院落中的局部立面,可在相关的剖面图上附带表示。如不能表示时,则应单独画出。

10.4.2　建筑立面图的内容和读图示例

　　现以图 10-9 所示的这栋宿舍楼的①—⑤立面图,阐述建筑立面图的内容和图示方法。

　　1. 图名和比例

　　了解是房屋哪一立面的投影,绘图比例是多少,以便与平面图对照阅读。对照这栋房屋的二层平面图(图 10-6)的轴线①—⑤的位置,可看出①—⑤立面图(图 10-9)所表达的是正立面。图的比例为 1∶100。房屋共 3 层,顶层上方是坡屋顶。

　　2. 房屋立面的外形,以及门窗、屋檐、台阶、阳台、雨水管等形状及位置。

　　从图中可看出:这栋楼房总高是 12.055 m;按实际情况画出了门窗的可见轮廓和门窗形式。大门处有四个踏步的台阶,大门两侧各有一扇窗户。

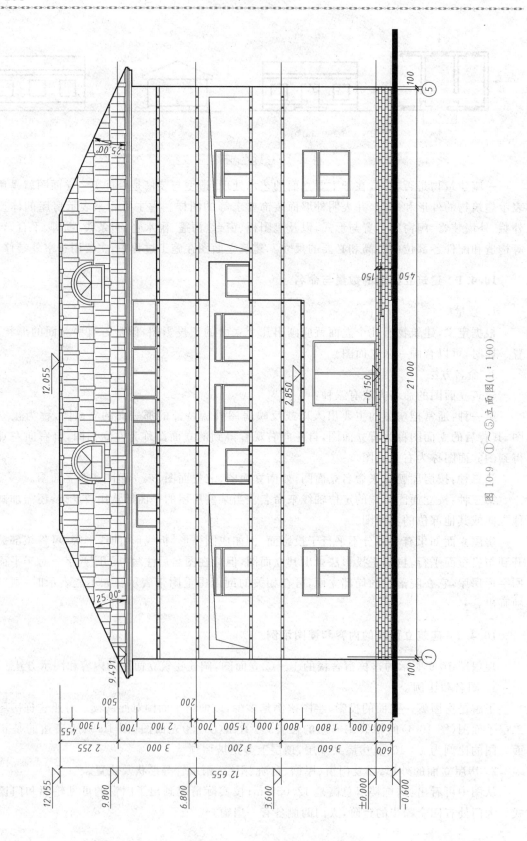

图 10-9 ①~⑤立面图(1∶100)

3. 立面图中的标高尺寸。

看立面的标高尺寸可知该房屋室外地坪为一0.600 m,一层室内地面为±0.000 m。此外还有一些局部标注,如第二层室内楼面为 3.600 m,三层室内楼面为 6.800 m,坡屋顶楼面高为 9.800 m。

· 巩固提高 ·

掌握并熟悉建筑立面图的识读方法。

10.5 建筑剖面图

· 学习目标 ·

了解建筑剖面图的主要类型,并掌握楼梯剖面图的识读方法。

10.5.1 概述

建筑剖面图是房屋的垂直剖面图,也就是用一个假想的平行于正立投影面或侧立投影面的垂直剖切平面剖切房屋,移去观察者和剖切平面之间的部分,将留下的部分按剖视方向向投影面作正投影所得到的图样,简称剖面图,如图 10-10 所示。

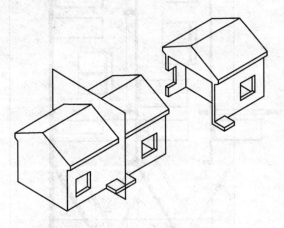

图 10-10 建筑剖面图的形成

剖切位置一般选择在房屋构造比较复杂和典型的部位,并且通过墙体上门窗洞口和楼梯。剖切位置符号应在底层平面图中标出,剖面图的名称应与底层平面图中剖切编号相一致。画建筑剖面图时,常用一个剖切面剖切,需要时也可转折一次,用两个平行的剖切面剖切。

建筑剖面图用来表达建筑物内部垂直方向高度、楼层分层情况及简要的结构形式和构造方式。在施工过程中,建筑剖面图是进行分层、砌筑内墙、铺设楼板、屋面板和楼梯、内部装修等工作的依据。它与建筑平面图、立面图相配合,是建筑施工图中最基本的图样。

10.5.2 建筑剖面图的基本内容和读图示例

图 10-11 是 1—1 剖面图,即同时剖到了门窗和楼梯。

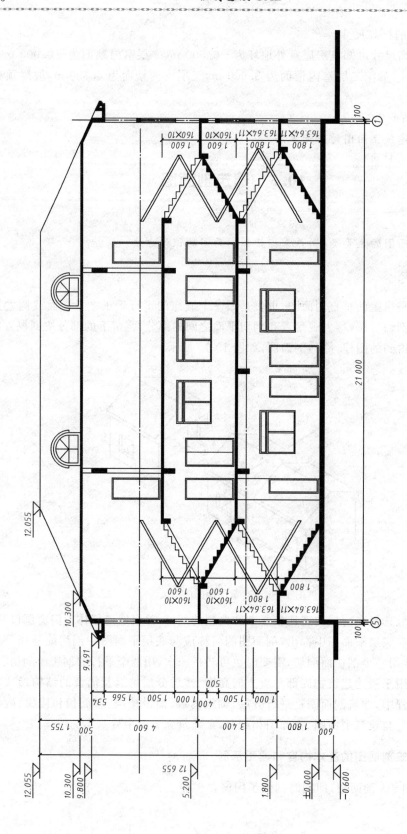

图 10-11　1—1剖面图（1∶100）

1. 图名、比例、定位轴线

图名、剖切到的外墙定位轴线和编号，分别对应于于底层平面图中标明的剖切位置和编号、轴线。图 10-11 是 1—1 剖面图，比例为 1∶100。

2. 剖切到的构配件及构造

剖切到的室内外地面、楼面层、屋顶，剖切到的内外墙及其墙身内的构造（包括门窗、墙内的过梁、圈梁、防潮层等）和各种梁、楼梯梯段及楼梯平台、阳台、雨篷、孔道等的位置和形状。

图中画出了室外地面的地面线，从室内地面上了个 11 个踏步到达一层休息平台，接着又上 11 个台阶到达二层楼面；同理二层层高为 20 个踏步的高度，除此以外还可以看到一层和二层两楼梯间之间各被剖到四个门和两个窗。

3. 竖向的尺寸和标高

外墙的竖向尺寸线包括左、右两侧各有三道：门窗洞及墙体等细部的高度尺寸、层高尺寸、室外地面以上的总高尺寸以及踏步的个数和高度。如 160×10＝1 600 的意思是此处共 10 个踏步，每个踏步高度为 160 mm，共 1 600 mm。

局部尺寸：注明细部构配件的高度、形状、位置。

标高：标注室外地坪，以及楼地面、阳台、平台、台阶等处的完成面。一层室内地面标高为±0.000 m，一层和二层休息平台标高分别为 1.800 m 和 5.200 m。

建筑平面图、立面图、剖面图是全局性的图纸，因为建筑物体积较大，所以常采用缩小比例绘制；一般建筑常采用 1∶100 的比例绘制，对于体量特别大的建筑，也可采用 1∶200 的比例。用这样的比例在平、立、剖面图中无法将细部做法表示清楚，因而凡是在平、立、剖面图中无法将细部内容表示清楚时，都需要对房屋的一些细部（也称节点）的详细构造采用较大的比例 1∶10、1∶20、1∶50 绘制房屋某一部分的局部放大图，也称大样图或节点图。建筑详图的图样在本单元就不具体介绍了。

· 巩固提高 ·

掌握并熟悉建筑剖面图的识读方法。

10.6　房屋结构施工图

· 学习目标 ·

了解建筑结构施工图的主要类型，主要了解梁结构图的识读方法。

10.6.1　概述

房屋的结构施工图是根据房屋建筑中的承重构件进行结构设计后画出的图样。结构设计时要根据建筑要求选择结构类型，并进行合理布置，再通过力学计算确定构件的断面形状、大小、材料及构造等。结构施工图必须密切与建筑施工图相互配合，这两类施工图之间不能有矛盾。

结构施工图与建筑施工图一样，是施工的依据，主要用于放线、挖基槽、安装模板、配钢筋、浇灌混凝土等施工过程，也是计算工程量、编制预算和施工进度计划的依据。当今我国建造的住宅、办公楼、学校的教学楼和集体宿舍等民用建筑，都广泛采用钢筋混凝土结构。结构施工图通常应包括下列内容：结构设计总说明、基础平面图及基础详图、楼层结构平面图、屋面结构平面图、结构构件详图。本节主要讲述阅读梁的钢筋混凝土结构施工图。

图 10-12 是二层梁的平法施工图。平面整体表示方法是将结构构件的尺寸和配筋等，一

次性整体直接表达在各类结构构件的布置图上,再与标准构造详图相配合,形成一套表达顺序与施工一致且利于施工质量检查的结构设计。按平法设计绘制的施工图,一般由各类结构构件的平法施工图和标准构造详图两大部分构成,且在结构平面布置图上直接表示了各构件的尺寸、配筋和所选用的标准构造详图。本节主要通过阐述梁的平法施工图让大家了解钢筋混凝土构件的平面表示法。

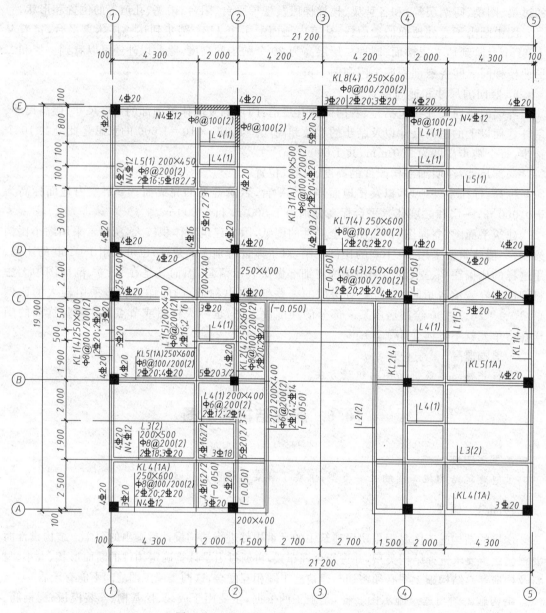

图 10-12 二层梁平法施工图(1:100)

1. 平面注写方式

平面注写方式,系在梁平面布置图上,分别在不同编号的梁中各选一根梁,在其上注写截面尺寸和配筋具体数值的方式来表达梁平法施工图。平面注写包括集中标注与原位标注,集中标注表达梁的通用数值,原位标注表达梁的特殊数值。当集中标注中的某项数值不适用于梁的某部位时,则将该项数值原位标注,施工时,原位标注取值优先。如图 10-13 所示,在梁上方和下方周围的标注称原位标注,用一根竖直线引到梁上方外围的标注称集中标注。

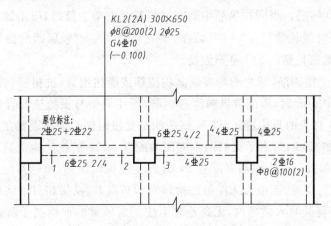

图 10-13　平面注写示意

2. 梁的编号

梁的编号由梁类型代号、序号、跨数及有无挑梁代号几项组成,详见表 10-2。例如:KL7(5)表示 7 号框架梁,5 跨;KL7(5A)表示 7 号框架梁,5 跨,一端有悬挑;KL7(5B)表示 7 号框架梁,5 跨,两端有悬挑。

表 10-2　梁编号

梁类型	代号	序号	跨数及是否带有悬挑
楼层框架梁	KL	XX	(XX),(XXA)或(XXB)
层面框架梁	WKL	XX	(XX),(XXA)或(XXB)
框支梁	KZL	XX	(XX),(XXA)或(XXB)
非框架梁	L	XX	(XX),(XXA)或(XXB)
悬挑梁	XL	XX	
井字梁	JZL	XX	(XX),(XXA)或(XXB)

注:(XXA)为一端有悬挑,(XXB)为两端有悬挑悬挑不计入跨数。例如,KL7(5A)表示 7 号框架梁,5 跨,一端有悬挑;L9(7B)表示第 9 号非框架梁,7 跨,两端有悬挑。

3. 梁集中标注内容

梁集中标注内容有五项必注值及一项选注值(集中标注可以从梁的任意一跨引出),规定如下:

(1) 梁编号,如图 10-13 所示,KL2(2A)表示 2 号框架梁,两跨,一端有悬挑。该项为必注值。

(2) 梁截面尺寸,该项为必注值。如 KL2(2A)300×650 表示此梁截面的宽是 300 mm,高是 650 mm。

(3) 梁箍筋,包括钢筋级别、直径、加密区与非加密区间距及肢数,该项为必注值。箍筋加密区与非加密区的不同间距及肢数需用斜线"/"分隔;当梁箍筋为同一种间距及肢数时,则不需要用斜线;当加密区与非加密区的箍筋肢数相同时,则将肢数注写一次;箍筋肢数应写在括号内。如 $\phi8@100/200(2)$ 表示此箍筋是直径为 8 mm 的 HPB300 钢筋,加密区间距是 100 mm,非加密区间距是 200 mm,两肢箍。其中加密区梁的长度取值是 $1.5h$ 和 500 mm 的最大值,h 代表此梁的高。

（4）通长筋，梁上部均有通长筋或架立筋配置，通长筋为相同或不同直径采用搭接连接、机械连接或焊接的钢筋，此项为必注值。如图 10-13 所示，2Φ25 表示通长筋两根直径为 25 mm 的 HRB400 钢筋。当同排纵筋中既有通长筋又有架立筋时，应用加号"＋"将通长筋和架立筋相连。注写时通长筋写在"＋"号前面，架立筋写在"＋"号后面的括号内，如 2Φ22＋(4Φ12)，其中 2Φ22 是通长筋，4Φ12 是架立筋。

（5）构造筋和受扭钢筋，梁侧面均有纵向构造筋或受扭钢筋（抗扭筋），该项为必注值。当梁腹板高度 $h \geqslant 450$ mm 时，需配置纵向构造钢筋，所注规格与根数应符合规范规定。此项注写值以大写字母 G 打头的是构造筋，以 N 打头的是受扭筋。注写设置在梁两个侧面的总筋值，且对称配置。如 G4Φ10，表示梁的两个侧面共配置 4Φ10 的纵向构造筋，每侧各配置 2Φ10 的钢筋；N6Φ22 表示梁的两个侧面共配置 6Φ22 的受扭纵向钢筋，每侧各配置 3Φ22。

（6）梁顶面标高高差，该项为选注值。梁顶面标高高差，系指相对于结构层楼面标高的高差值，有高差时，需将其写入括号内，无高差时不注。当某梁的顶面高于所在结构层得楼面标高时，其标高高差为正值，反之为负值。如：某结构标准层的楼面标高为 44.950 m 和 48.250 m，当某梁的梁顶面标高高差注写为（－0.050）时，即表明该梁顶面标高分别相对于 44.950 m 和 48.250 m 低 0.05 m。

4. 梁原位标注的内容

（1）梁支座上部纵筋，该部位含通长筋在内的所有钢筋（注写在每跨梁的上方）。当上部纵筋多于一排时，用斜线"/"将各排纵筋自上而下分开；如梁支座上部纵筋注写为 4Φ25/2Φ25，表示梁上部的上一排纵筋为 4Φ25，下排纵筋为 2Φ25。当同排纵筋有两种直径时，用加号"＋"将两种直径的纵筋相连，注写时将角部纵筋写在前面；如梁支座上部有四根纵筋，2Φ25 放在角部，2Φ22 放在中部，在梁支座上部应注写成 2Φ25＋2Φ22。当梁中间支座两边的上部纵筋不同时，需在支座两边分别标注；当梁中间支座两边的上部纵筋相同时，可仅在支座的一边标注，另一边省去不注。

（2）梁支座上部纵筋，当下部纵筋多于一排时，用斜线"/"将各排纵筋自上而下分开；当同排纵筋有两种直径时，用加号"＋"将两种直径的纵筋相连，注写时将角部纵筋写在前面；当梁下部的纵筋不全部深入支座时，将梁支座下部纵筋减少的数量写在括号内。如梁下部纵筋注写为 2Φ25＋3Φ22(－3)/5Φ25，表示上排纵筋为 2Φ25 和 3Φ22，其中 3Φ22 不深入支座，下排纵筋为 5Φ25，全部伸入支座。

5. 附加箍筋和吊筋

在梁与梁交接处需要附加箍筋或吊筋，可将其直接画在平面图中的主梁上；当多数附加箍筋或吊筋相同时，可在梁平法施工图上统一注明，少数与统一注明值不同时再原位引注。

此外图 10-13 中的|1、|2、|3、|4 分别表示在此四处梁的断面图，梁的钢筋断面图由本书前面的单元介绍过，这里就不再介绍了。

10.6.2　梁结构图的基本内容和读图示例

通过阅读图 10-12 所示二层梁平法施工图（结构图），阐述梁的结构图内容和图示方法。

纵方向以轴线 E 上的梁为例介绍，从图 10-12 中可以看出：在 E 号轴线上的四跨梁中，既有位于上方的集中标注，又有位于梁上下两侧的原位标注。在集中标注中，KL8(4)250×600

表示 8 号框架梁有 4 跨,截面的宽和高分别是 250 mm 和 600 mm;Φ8@100/200(2)表示箍筋的直径是 8 mm 的 I 级钢筋,加密区间距是 100 mm,非加密区间距是 200 mm,双支箍;2Φ20 表示的是分布在上方的通长筋,3Φ20 表示分布在下方的通长筋。梁上下两侧的原位标注中,对于第一跨梁:4Φ20 表示此跨梁上部还有四根纵向钢筋,N4Φ12 表示腰部有四根抗扭筋;后半段有一段箍筋加密区。对于第二跨梁:4Φ20 表示此跨梁上部有四根纵向钢筋。对于第三跨梁:3Φ20 表示此跨梁上部还有三根受力钢筋。第四跨梁与第一跨梁相同,此处就不再重复讲述了。

　　横方向以①号轴线上的梁为例介绍,从图 10-12 中可以看出:在①号轴线上的四跨梁中,仍然既有位于上方的集中标注,又有位于梁上下两侧的原位标注。在集中标注中,KL1(4)250×600 表示 1 号框架梁有 4 跨,截面的宽和高分别是 250 mm 和 600 mm;Φ8@100/200(2)表示箍筋的直径是 8 mm 的 I 级钢筋,加密区间距是 100 mm,非加密区间距是 200 mm,双支箍;2Φ20 表示的是分布在上方的通长筋,2Φ20 表示分布在下方的通长筋。梁上下两侧的原位标注中,对于第一跨梁:上方的 4Φ20 表示此跨梁上部有四根纵向钢筋,下方的 4Φ20 表示此跨梁下部有四根纵向钢筋,下方的 N4Φ12 表示腰部有四根抗扭筋。对于第二跨梁:上方的 4Φ20 表示此跨梁上部左侧上部有四根纵向钢筋,上方的 3Φ20 表示此跨梁上部右侧有三根纵向钢筋,下方的 3Φ20 表示此跨梁下部有三根纵向钢筋。对于第三跨梁除了集中标注的钢筋,没有其他的标注。第四跨梁的上部和下部各有四根Φ20 的钢筋。

　　·巩固提高·

　　了解建筑的梁平法标注内容。

10.6.3　基础结构图的基本内容和读图示例

　　基础图是表达基础结构布置及详细构造的图样,包括基础平面图和基础详图。

　　1. 基础平面图

　　(1)基础平面图的形成。基础平面图是假想用贴近首层地面并与之平行的剖切平面把整个建筑物切开,移走上层的房屋和基础周围的回填土,向下投影所得到的水平剖面图。在基础平面图中,只画出基础墙、柱及基础底面的轮廓线,基础的细部轮廓(如条形基础的放大脚、独立基础的锥形轮廓线等)则省略不画。

　　(2)基础平面图的识读。以图 10-14 为例,说明基础平面图的识读步骤。

　　①了解图名、比例。从图中可知基础平面图比例是 1∶100。

　　②了解纵横轴线及其编号。基础纵横向定位轴线及轴线尺寸同建筑平面图,这里就不重复讲述了。

　　③了解基础的平面位置,即基础墙、柱以及基础底面的形状、大小及其与轴线的关系。图中基础的类型为柱下独立基础,图中的大正方形表示独立基础的外轮廓线,用细实线绘制;涂黑的小正方形是钢筋混凝土柱的断面;基础沿定位轴线布置,其代号及编号为 J1、J2、J3、J4。

　　④了解基础梁的位置及代号。目前多采用钢筋混凝土构件的平面整体表示法,故图 10-14 中没有表示出梁的位置及编号,而是在图 10-15 中不仅表示了基础梁的位置及代号,而且把梁的尺寸和配筋全部表示出来,其识读方法与之前二层梁配筋结构图一致。

　　2. 基础详图

　　基础详图是将基础垂直切开所得到的断面图。基础详图主要表达基础的形状、尺寸、材料、构造及基础的埋置深度等。不同类型的基础其图示方法有所不同。图 10-15 是常见的独

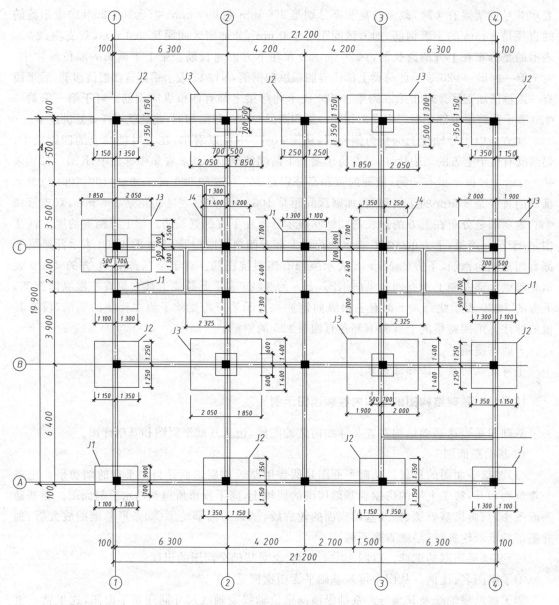

图 10-14　基础平面布置图(1∶100)

立基础的详图,除了画出垂直剖视图外还画出了平面图,垂直剖视图清晰地反映了基础柱、基础及垫层三部分,平面图采用局部剖面方式表示基础的网状配筋。图 10-15 的独立基础大样图,因有 J1、J2、J3、J4 四种不同尺寸的基础,故还在大样图下画了一表格,分别说明各基础的平面尺寸、基础高度、底板配筋图。看图时要将基础大样图、表格及说明结合起来识读。

10.6.4　柱结构图的基本内容和读图示例

柱平面整体配筋图是在柱平面布置图上,采用列表注写方式或截面注写方式表达配筋情况的。图 10-16 是框架柱配筋大样图,各框架柱断面经放大后,将柱配筋值、配筋随高度变化值及断面尺寸在图中注明;多层框架柱的柱断面尺寸和配筋变化不大时,可将断面尺寸和配筋

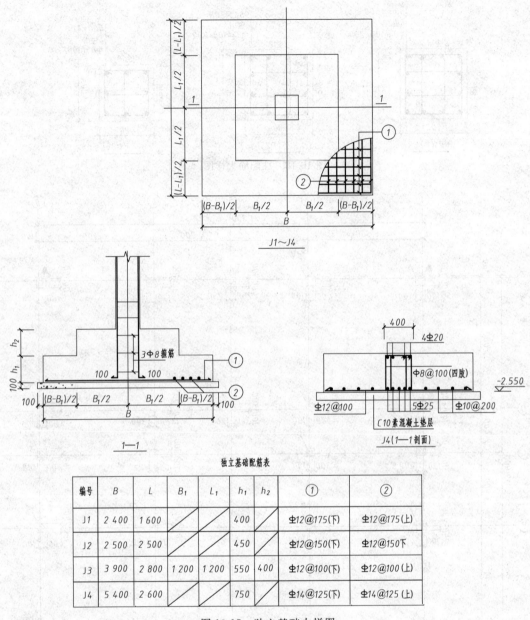

图 10-15 独立基础大样图

独立基础配筋表

编号	B	L	B_1	L_1	h_1	h_2	①	②
J1	2 400	1 600			400		Φ12@175(下)	Φ12@175(上)
J2	2 500	2 500			450		Φ12@150(下)	Φ12@150下
J3	3 900	2 800	1 200	1 200	550	400	Φ12@100(下)	Φ12@100(上)
J4	5 400	2 600			750		Φ14@125(下)	Φ14@125(上)

值直接注在断面上。

图 10-16 中柱的配筋大样图采用了柱平法施工图截面注写方式,从图中柱的编号可知,KZ1、KZ2、KZ3 分别表示 1、2、3 号框架柱。以 KZ1 为例,截面尺寸为 500 mm×500 mm,4Φ22 代表柱周边均匀对称布置 4 根直径为 22 mm 的Ⅱ级钢筋;Φ8@100/200 代表柱内箍筋直径为 8 mm,Ⅰ级钢筋,加密区间距为 100 mm,非加密区间距为 200 mm。

图 10-17 为一层柱配筋平面布置图。从图中可知,底层有 KZ1、KZ2、KZ3 三种柱子,其中 KZ1 和 KZ2 截面尺寸为 500 mm×500 mm,KZ3 的截面尺寸为 400 mm×400 mm,其每个柱子的配筋详图由图 10-16 表示。

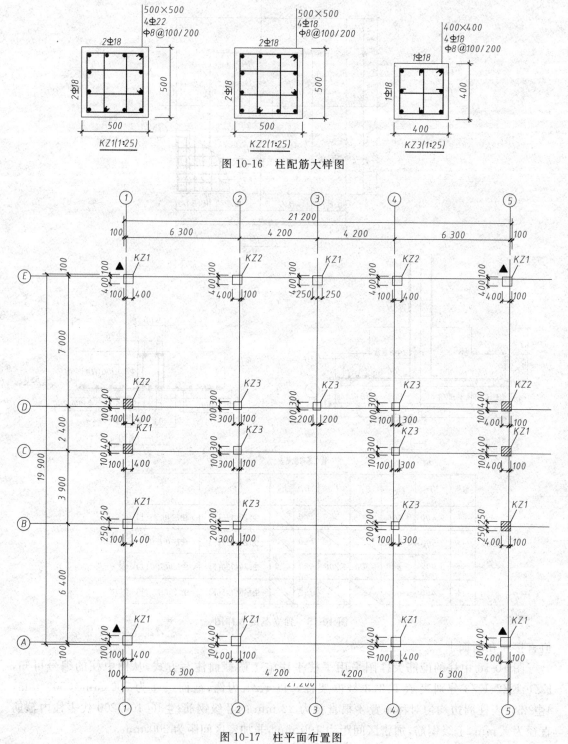

图 10-16　柱配筋大样图

图 10-17　柱平面布置图

· 巩固提高 ·

了解建筑梁的平法标注的内容。

单元小结

　　建筑施工图包括总平面图、建筑平面图、门窗表、建筑立面图、建筑剖面图和建筑详图等；建筑结构施工图通常应包括楼层结构平面图、屋面结构平面图、结构构件详图、基础平面图及基础详图。

　　建筑施工图主要讲述了建筑平面图、建筑立面图和建筑剖面图，读图时应注意这三种图形的联系，同时还应注意建筑平面的作图方法，建筑结构施工图主要讲述了梁的平面图和基础平面图，读图时应注意平法标注的读图方法。

课后思考题

1. 建筑平面图中开间和进深各是什么？
2. 建筑立面图中通常应在什么位置标注标高？
3. 如何通过建筑平面图和建筑立面图得到建筑剖面图？
4. 平法标注中集中标注包含哪些内容？原位标注包含哪些内容？

单元11　AUTOCAD2013基础教程

【知识目标】

1. 了解 AutoCAD2013 的相关介绍；
2. 掌握二维图形的绘制；
3. 掌握图形的编辑、图块的创建和插入；
4. 掌握尺寸标注及文字输入；
5. 掌握图形输出及打印。

【能力目标】

1. 能够熟练掌握绘图命令的使用方法和技巧并能快速绘制基本几何图形；
2. 能在掌握基本绘图命令的基础上熟练应用编辑命令；
3. 能够结合专业规范要求，正确绘制专业工程图样正确标注专业工程图中的尺寸。

【课外知识拓展】

AutoCAD 是由美国 Autodesk 公司开发的通用计算机辅助绘图与设计软件包，具有易于掌握、使用方便、体系结构开放等特点，深受广大工程技术人员的欢迎。AutoCAD 自 1982 年问世以来，已经进行了很多次的升级，从而使其功能逐渐强大，且日趋完善。如今，AutoCAD已广泛应用于机械、建筑、电子、航天、造船、石油化工、土木工程、冶金、农业、气象、纺织、轻工业等领域。在中国，AutoCAD 已成为工程设计领域中应用最为广泛的计算机辅助设计软件之一。

【新课导入】

在土木工程行业中，CAD 技术是发展最快的技术之一。现在 CAD 技术已应用到从基本规划到详细设计的各个方面。使用 CAD 的水平已成为企业技术水平的象征，也是对外竞争夺标的重要手段。现在所有设计单位纷纷对聘用人员提出了计算机辅助设计的技能要求。因此，许多工科类院校已相继开设了如 AutoCAD、专业 CAD 等课程，并将其用于工程制图、课程设计、毕业设计等教学环节。

11.1　AutoCAD 2013 概述

·学习目标·

能安装 AutoCAD 2013。

熟悉并熟练使用 AutoCAD 2013 的工作界面。

了解 AutoCAD 2013 的各种命令执行方式。

掌握常用的图形文件管理命令，如新建、保存、打开图形文件等。

11.1.1　AutoCAD 2013 简介

AutoCAD 2013 除在图形处理等方面的功能有所增强外，一个最显著的特征是增加了参数化绘图功能。用户可以对图形对象建立几何约束，以保证图形对象之间有准确的位置关系，如平行、垂直、相切、同心、对称等关系；可以建立尺寸约束，通过该约束，既可以锁定对象，使其大小保持固定，也可以通过修改尺寸值来改变所约束对象的大小。

11.1.2　AutoCAD 2013 的安装及启动

1. AutoCAD 2013 的安装

AutoCAD 2013 软件以光盘形式提供，光盘中有名为 SETUP. EXE 的安装文件。执行 SETUP. EXE 文件，根据弹出的窗口选择、操作即可。

2. AutoCAD2013 的启动

安装 AutoCAD 2013 后，系统会自动在 Windows 桌面上生成对应的快捷方式。双击该快捷方式，即可启动 AutoCAD 2013。与启动其他应用程序一样，也可以通过 Windows 资源管理器、Windows 任务栏按钮等启动 AutoCAD 2013。

11.1.3　AutoCAD 2013 的工作界面

启动 AutoCAD 2013 后，系统将显现如图 11-1 所示的工作界面。工作界面由标题栏、功能区、"快速访问"工具栏、绘图区、光标、命令行、状态栏、坐标系图标、模型/布局选项卡和菜单浏览器等组成，如图 11-1 所示。

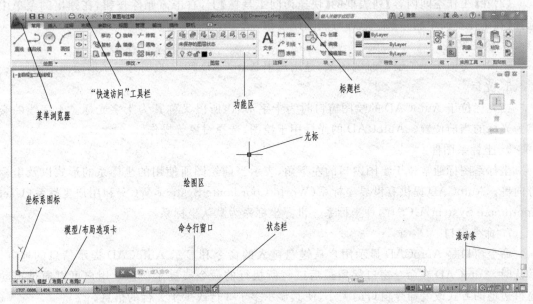

图 11-1　AutoCAD 2013 中文版的工作界面

1. 标题栏

标题栏位于屏幕顶部，与其他 Windows 应用程序类似，用于显示 AutoCAD 2013 的程序图标以及当前所操作图形文件的名称。如果图形文件还未命名，则标题栏中显示 Drawing1。

2. 功能区

功能区提供了一个与当前工作空间操作相关的命令按钮区域，无须显示多个工具栏，使得应用程序窗口简洁有序，用户可以将功能区理解为集成的工具栏，它由选项卡组成，不同的选项卡下又集成了多个面板,不同的面板上放置了大量的某一类型的工具,效果如图 11-2 所示。利用功能区面板上的按钮可以完成绘图过程中的大部分工作。

图 11-2　功能区菜单

3."快速访问"工具栏

AutoCAD 2013 的快速访问工具栏中包含最常用操作的快捷键按钮,方便用户使用。在默认状态下,快速访问工具栏中包含 7 个快捷键,分别是【新建】按钮、【打开】按钮、【保存】按钮、【另存为】按钮、【打印】按钮、【放弃】按钮和【重做】按钮。如果想在快速访问工具栏中添加或删除其他按钮,可以右击快速访问工具栏,在弹出的快捷键菜单中选择【自定义快速访问工具栏】命令,在弹出的【自定义用户界面】对话框中进行设置即可。

(1)在命令列表框中选择所需要的选项,并将其拖动至【工作空间内容】列表框的【快速访问工具栏】上,即可添加该按钮。

(2)在【工作空间内容】列表框的【快速访问工具栏】上,右击需删除按钮,在弹出的菜单中选择【在工作空间中删除】命令,即可删除该按钮。

4. 绘图区

绘图区类似于手工绘图时的图纸,是用户用 AutoCAD 2013 绘图并显示所绘图形的区域。

5. 光标

当光标位于 AutoCAD 的绘图窗口时为十字形状,所以又称其为十字光标。十字线的交点为光标的当前位置。AutoCAD 的光标用于绘图、选择对象等操作。

6. 坐标系图标

坐标系图标通常位于绘图窗口的左下角,表示当前绘图所使用的坐标系的形式以及坐标方向等。AutoCAD 提供有世界坐标系(World Coordinate System,WCS)和用户坐标系(User Coordinate System,UCS)两种坐标系。世界坐标系为默认坐标系。

7. 命令窗口

命令窗口是 AutoCAD 显示用户从键盘键入的命令和显示 AutoCAD 提示信息的地方。默认时,AutoCAD 在命令窗口保留最后三行所执行的命令或提示信息。用户可以通过拖动窗口边框的方式改变命令窗口的大小,使其显示多于 3 行或少于 3 行的信息。

8. 状态栏

状态栏用于显示或设置当前的绘图状态。状态栏上位于左侧的一组数字反映当前光标的坐标,其余按钮从左到右分别表示当前是否启用了推断约束、捕捉模式、栅格显示、正交模式、极轴追踪、对象捕捉、对象捕捉追踪、允许/禁止动态 UCS、动态输入等功能以及是否显示线宽、当前的绘图空间等信息。

9. 模型/布局选项卡

模型/布局选项卡用于实现模型空间与图纸空间的切换。

10. 滚动条

利用水平和垂直滚动条，可以使图纸沿水平或垂直方向移动，即平移绘图窗口中显示的内容。

11. 菜单浏览器

单击菜单浏览器，AutoCAD 会将浏览器展开，如图 11-3 所示。

用户可通过菜单浏览器执行相应的操作。

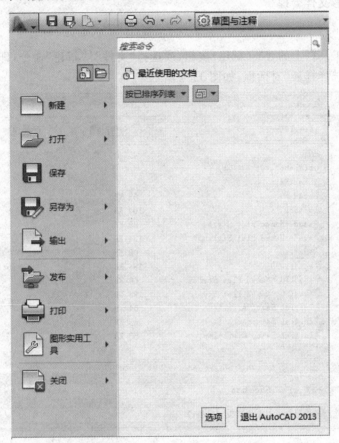

图 11-3　菜单浏览器

11.1.4　AutoCAD 2013 命令执行方式

执行 AutoCAD 命令的方式：

(1)通过键盘输入命令。

(2)通过菜单执行命令。

(3)通过工具栏按钮执行命令。

(4)通过功能区面按钮执行命令。

(5)重复执行命令。具体方法如下：

①按键盘上的 Enter 键或按 Space 键；

②使光标位于绘图窗口，右击，AutoCAD 弹出快捷菜单，并在菜单的第一行显示出重复

执行上一次所执行的命令,选择此命令即可重复执行对应的命令。

在命令的执行过程中,用户可以通过按 Esc 键;或右击,从弹出的快捷菜单中选择"取消"命令的方式终止 AutoCAD 命令的执行。

(6)功能区面板。

在菜单栏中选择"工具"—"选项板"—"功能区"命令,即可以显示功能区面板。

11.1.5　图形文件管理

1. 创建新图形

单击"标准"工具栏上的 ▢（新建）按钮,或选择"文件"|"新建"命令,即执行 NEW 命令,AutoCAD 弹出"选择样板"对话框,如图 11-4 所示。

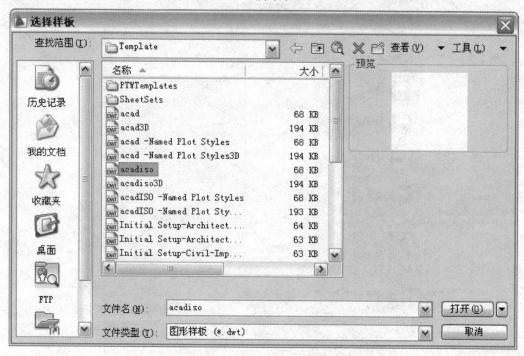

图 11-4　选择样板对话框

通过此对话框选择对应的样板后(初学者一般选择样板文件 acadiso. dwt 即可),单击"打开"按钮,就会以对应的样板为模板建立一新图形。

2. 打开图形

单击"标准"工具栏上的 ▱（打开）按钮,或选择"文件"|"打开"命令,即执行 OPEN 命令,AutoCAD 弹出与前面的图类似的"选择文件"对话框,可通过此对话框确定要打开的文件并打开它。

3. 保存图形

(1)用 QSAVE 命令保存图形

单击"快速访问"工具栏上的 ▤（保存）按钮,或选择"文件"|"保存"命令,即执行 QSAVE 命令,如果当前图形没有命名保存过,AutoCAD 会弹出"图形另存为"对话框。通过该对话框指定文件的保存位置及名称后,单击"保存"按钮,即可实现保存。

如果执行 QSAVE 命令前已对当前绘制的图形命名保存过，那么执行 QSAVE 后，Auto-CAD 直接以原文件名保存图形，不再要求用户指定文件的保存位置和文件名。

（2）换名存盘

换名存盘指将当前绘制的图形以新文件名存盘。执行 SAVEAS 命令，AutoCAD 弹出"图形另存为"对话框（图略），要求用户确定文件的保存位置及文件名，用户响应即可。

·巩固提高·

创建新文件，试将 AutoCAD 2013 的默认工作空间切换到"三维建模""AutoCAD 经典"工作空间，再切换到"草图与注释"工作空间。

拖动命令窗口：①改变命令窗口的大小；②使其成为浮动窗口并改变命令窗口的位置。

11.2　二维图形的绘制

·学习目标·

掌握基本绘图命令（直线、圆、圆弧、矩形、多边形）的使用方法。

11.2.1　绘 制 点

执行 POINT 命令，AutoCAD 提示：

指定点：

在该提示下确定点的位置，AutoCAD 就会在该位置绘制出相应的点。

选择"格式""点样式"命令，即执行 DDPTYPE 命令，AutoCAD 弹出图 11-5 所示的"点样式"对话框，用户可通过该对话框选择自己需要的点样式。此外，还可以利用对话框中的"点大小"编辑框确定点的大小。

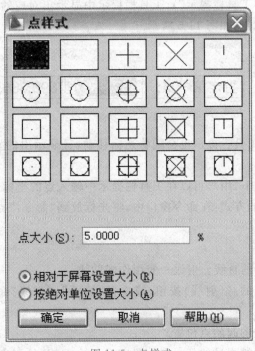

图 11-5　点样式

11.2.2　绘 制 线

1. 绘制直线　（功能区）

（1）根据指定的端点绘制一系列直线段。命令：LINE。

单击"绘图"工具栏上的 ╱（直线）按钮，或选择"绘图"/"直线"命令，即执行 LINE 命令，AutoCAD 提示：

第一点：（确定直线段的起始点）

指定下一点或［放弃(U)］：（确定直线段的另一端点位置，或执行"放弃(U)"选项重新确定起始点）

指定下一点或［放弃(U)］：（可直接按 Enter 键或 Space 键结束命令，或确定直线段的另一端点位置，或执行"放弃(U)"选项取消前一次操作）

指定下一点或［闭合(C)/放弃(U)］：（可直接按 Enter 键或 Space 键结束命令，或确定直线段的另一端点位置，或执行"放弃(U)"选项取消前一次操作，或执行"闭合(C)"选项创建封闭多边形）

指定下一点或［闭合(C)/放弃(U)］：↙（也可以继续确定端点位置、执行"放弃(U)"选项、执行"闭合(C)"选项）

执行结果：AutoCAD 绘制出首尾相接的折线段。

用 LINE 命令绘制出的一系列直线段中的每一条线段均是独立的对象。

（2）动态输入

如果单击状态栏上的 ╈（动态输入）按钮，使其压下，会启动动态输入功能。启动动态输入并执行 LINE 命令后，AutoCAD 一方面在命令窗口提示"指定第一点："，同时在光标附近显示出一个提示框（称之为"工具栏提示"），工具栏提示中显示出对应的 AutoCAD 提示"指定第一点："和光标的当前坐标值，如图 11-6 所示。

图 11-6　动态输入

此时用户移动光标，工具栏提示也会随着光标移动，且显示出的坐标值会动态变化，以反映光标的当前坐标值。

在前面的图所示状态下，用户可以在工具栏提示中输入点的坐标值，而不必切换到命令行进行输入（切换到命令行的方式：在命令窗口中，将光标放到"命令："提示的后面单击鼠标拾取键）。

2. 绘制射线

绘制沿单方向无限长的直线。射线一般用作辅助线。

单击"绘图"工具栏上的 ╱（射线）按钮，或选择"绘图"|"射线"命令，即执行 RAY 命令，AutoCAD 提示：

指定起点：（确定射线的起始点位置）

指定通过点：（确定射线通过的任一点。确定后 AutoCAD 绘制出过起点与该点的射线）

指定通过点：↙（也可以继续指定通过点，绘制过同一起始点的一系列射线

3. 绘制构造线

绘制沿两个方向无限长的直线。构造线一般用作辅助线。

单击"绘图"工具栏上的 ∕（构造线）按钮，或选择"绘图"|"构造线"命令，即执行 XLINE 命令，AutoCAD 提示：

指定点或［水平(H)/垂直(V)/角度(A)/二等分(B)/偏移(O)］：

其中，"指定点"选项用于绘制通过指定两点的构造线。"水平"选项用于绘制通过指定点的水平构造线。"垂直"选项用于绘制通过指定点的绘制垂直构造线。"角度"选项用于绘制沿指定方向或与指定直线之间的夹角为指定角度的构造线。"二等分"选项用于绘制平分由指定3 点所确定的角的构造线。"偏移"选项用于绘制与指定直线平行的构造线。

11.2.3　绘制矩形

根据指定的尺寸或条件绘制矩形。命令：RECTANG

单击"绘图"工具栏上的 □（矩形）按钮，或选择"绘图"|"矩形"命令，即执行 RECTANG 命令，AutoCAD 提示：

指定第一个角点或［倒角(C)/标高(E)/圆角(F)/厚度(T)/宽度(W)］：

其中，"指定第一个角点"选项要求指定矩形的一角点。执行该选项，AutoCAD 提示：

指定另一个角点或［面积(A)/尺寸(D)/旋转(R)］：

此时可通过指定另一角点绘制矩形，通过"面积"选项根据面积绘制矩形，通过"尺寸"选项根据矩形的长和宽绘制矩形，通过"旋转"选项表示绘制按指定角度放置的矩形。

执行 RECTANG 命令时，"倒角"选项表示绘制在各角点处有倒角的矩形。"标高"选项用于确定矩形的绘图高度，即绘图面与 XY 面之间的距离。"圆角"选项确定矩形角点处的圆角半径，使所绘制矩形在各角点处按此半径绘制出圆角。"厚度"选项确定矩形的绘图厚度，使所绘制矩形具有一定的厚度。"宽度"选项确定矩形的线宽。

11.2.4　绘制正多边形

单击"绘图"工具栏上的 ⬠（正多边形）按钮，或选择"绘图"|"正多边形"命令，即执行 POLYGON 命令，AutoCAD 提示：

指定正多边形的中心点或［边(E)］：

1. 指定正多边形的中心点

此默认选项要求用户确定正多边形的中心点，指定后将利用多边形的假想外接圆或内切圆绘制等边多边形。执行该选项，即确定多边形的中心点后，AutoCAD 提示：

输入选项［内接于圆(I)/外切于圆(C)］：

其中，"内接于圆"选项表示所绘制多边形将内接于假想的圆。"外切于圆"选项表示所绘制多边形将外切于假想的圆。

2. 边

根据多边形某一条边的两个端点绘制多边形。

11.2.5　绘制曲线

1. 绘制圆

单击"绘图"工具栏上的 ⊙（圆）按钮，即执行 CIRCLE 命令，AutoCAD 提示：

指定圆的圆心或［三点(3P)/两点(2P)/相切、相切、半径(T)］

其中，"指定圆的圆心"选项用于根据指定的圆心以及半径或直径绘制圆弧。"三点"选项根据指定的三点绘制圆。"两点"选项根据指定两点绘制圆。"相切、相切、半径"选项用于绘制与已有两对象相切，且半径为给定值的圆。

2. 绘制圆环

单击"绘图"工具栏上的 ◎(圆环)按钮，选择"绘图"|"圆环"命令，即执行 DONUT 命令，AutoCAD 提示：

指定圆环的内径:(输入圆环的内径)

指定圆环的外径:(输入圆环的外径)

指定圆环的中心点或＜退出＞:(确定圆环的中心点位置，或按 Enter 键或 Space 键结束命令的执行)

3. 绘制圆弧

单击"绘图"工具栏上的 ⌒(圆弧)按钮，或选择"绘图"|"圆弧"命令，即执行 ARC 命令。AutoCAD 提示：

指定圆弧的起点或［圆心(C)］:(确定 圆弧的起始点位置)

指定圆弧的第二个点或［圆心(C)/端点(E)］:(确定圆弧上的任一点)

指定圆弧的端点:(确定圆弧的终止点位置)

弧命令提供了多种绘制圆弧的方法，如图 11-7 所示。绘图时应根据已知条件，选择合适方式绘制圆弧。

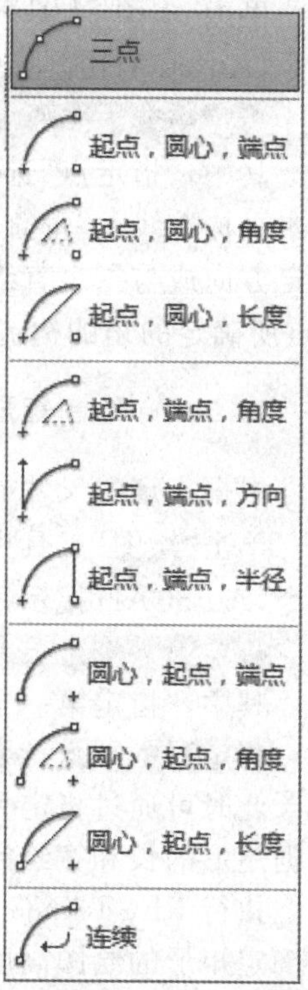

4. 绘制椭圆和椭圆弧

单击"绘图"工具栏上的 ⬭(椭圆)按钮，即执行 ELLIPSE 命令，AutoCAD 提示：

指定椭圆的轴端点或［圆弧(A)/中心点(C)］:

其中，"指定椭圆的轴端点"选项用于根据一轴上的两个端点位置等绘制椭圆。"中心点"选项用于根据指定的椭圆中心点等绘制椭圆。"圆弧"选项用于绘制椭圆弧。先点击椭圆弧命令，然后分别输入两个半轴长度，分别回车后，输入起始和终止角度，默认的起始角度是长轴的一端。以逆时针方向为正。

·巩固提高·

绘制一等边三角形(尺寸自定)，并绘制该三角形的内切圆和外接圆。

图 11-7　绘制圆弧命令方式

11.3　编 辑 图 形

·学习目标·

熟练掌握选择对象的常用方式(点选窗口)。

学会从选择集中移出(删除)对象的方式。

学会应用 AutoCAD 2013 的编辑命令绘制和修改图形的技巧。

11.3.1　选择对象

当启动 AutoCAD 2013 的某一编辑命令或其他某些命令后，AutoCAD 通常会提示"选择对象：",即要求用户选择要进行操作的对象,同时把十字光标变为小方框形状(称之为拾取框),此时用户应选择对应的操作对象。常用选择对象的方式是直接选择,即在命令提示符下,不经执行任何命令而直接在屏幕上选择对象。直接选择支持点选和窗口选择两种方法。

1. 点选

将拾取框罩在被选择对象上并按鼠标左键就能选中对象。

使用该方法时应注意：

(1)拾取框必须罩住对象才能选中,即对象的一部分必须落在拾取框内。

(2)如果拾取框内罩住多个对象,则选中最先建立的一个。

(3)按一次鼠标只能选中一个对象,选中多个对象须按多次鼠标。

(4)根据图形疏密程度不同,拾取框大小可通过在右键绘图区单击鼠标右键,打开"选项"对话框,选择"选择集"选项卡,拖动滑块进行设置。

2. 窗口选择

选择窗口是一个矩形,点选的拾取点作为窗口的第一个对角点,移动鼠标再拾取第二个对角点。根据第二个点相对于第一个点的方向不同,窗口选择又可自动分为包容窗口和交叉窗口两种。

包容窗口。如果从左往右确定窗口,则窗口为包容窗口。包容窗口的边界为实线,它要求被选中的对象必须整个图形落在窗口内。被选中对象用虚线表示,未被选中对象用实线表示。

交叉窗口。如果从右往左确定窗口,则窗口为交叉窗口。交叉窗口的边界为虚线,凡整个图形和部分图形落在窗口内的对象均被选中。

11.3.2　删除对象

删除指定的对象,就像是用橡皮擦除图纸上不需要的内容。命令：ERASE

调用方式：

(1)单击"修改"工具栏上的 ☑ (删除)按钮。

(2)下拉菜单："修改"→"删除"。

(3)功能区："常用"→"修改"→"删除"。

(4)快捷菜单：选择要删除的对象,在绘图区域中单击鼠标右键,然后选择"删除"。

11.3.3　移动对象

将选中的对象从当前位置移到另一位置,即更改图形在图纸上的位置。命令：MOVE

1. 调用方式

(1)单击"修改"工具栏上的 ✛ (移动)按钮。

(2)下拉菜单："修改"→"移动"。

(3)功能区："常用"→"修改"→"移动"。

2. 命令说明

(1)指定基点

确定移动基点,为默认项。执行该默认项,即指定移动基点后,在此提示下指定一点作为位移第二点,或直接按 Enter 键或 Space 键,将第一点的各坐标分量(也可以看成为位移量)作为移动位移量移动对象。

(2)位移

根据位移量移动对象。

11.3.4　复制对象

复制对象指将选定的对象复制到指定位置。命令:COPY。

1. 调用方式

(1)单击"修改"工具栏上的 (复制)按钮。

(2)下拉菜单:"修改"→"复制"。

(3)功能区:"常用"→"修改"→"复制"。

(4)快捷菜单:选择要复制的对象,在绘图区域中单击鼠标右键,然后选择"复制"。

2. 命令说明

(1)指定基点

确定复制基点,为默认项。执行该默认项,即指定复制基点后在此提示下再确定一点,AutoCAD 将所选择对象按由两定确定的位移矢量复制到指定位置;如果在该提示下直接按 Enter 键或 Space 键,AutoCAD 将第一点的各坐标分量作为位移量复制对象。

(2)位移

根据位移量复制对象。

11.3.5　旋转对象

旋转对象指将指定的对象绕指定点(称其为基点)旋转指定的角度。命令:ROTATE

1. 调用方式

(1)单击"修改"工具栏上的 (旋转)按钮。

(2)下拉菜单:"修改"→"旋转"。

(3)功能区:"常用"→"修改"→"旋转"。

2. 命令说明

(1)指定旋转角度

输入角度值,AutoCAD 会将对象绕基点转动该角度。在默认设置下,角度为正时沿逆时针方向旋转,反之沿顺时针方向旋转。

(2)复制

创建出旋转对象后仍保留原对象。

(3)参照(R)

以参照方式旋转对象。

11.3.6　缩放对象

缩放对象指放大或缩小指定的对象。命令:SCALE。

1. 调用方式

(1)单击"修改"工具栏上的 (缩放)按钮。

(2)下拉菜单:"修改"→"缩放"。

(3)功能区:"常用"→"修改"→"缩放"。

2．命令说明

（1）指定比例因子

确定缩放比例因子，为默认项。执行该默认项，即输入比例因子后按 Enter 键或 Space 键，AutoCAD 将所选择对象根据该比例因子相对于基点缩放，且 0＜比例因子＜1 时缩小对象，比例因子＞1 时放大对象。

（2）复制（C）

创建出缩小或放大的对象后仍保留原对象。执行该选项后，根据提示指定缩放比例因子即可。

（3）参照（R）

将对象按参照方式缩放。

11.3.7　偏移对象

创建同心圆、平行线或等距曲线。偏移操作又称为偏移复制。命令：OFFSET。

1．调用方式

（1）单击"修改"工具栏上的 ⚒ （偏移）按钮。

（2）下拉菜单："修改"→"偏移"。

（3）功能区："常用"→"修改"→"缩放"。

2．命令说明

（1）指定偏移距离

根据偏移距离偏移复制对象。在"指定偏移距离或 [通过（T）/删除（E）/图层（L）]："提示下直接输入距离值。

（2）通过

使偏移复制后得到的对象通过指定的点。

（3）删除

实现偏移源对象后删除源对象。

（4）图层

确定将偏移对象创建在当前图层上还是源对象所在的图层上。

11.3.8　镜像对象

将选中的对象相对于指定的镜像线进行镜像。命令：MIRROR。

1．调用方式

（1）单击"修改"工具栏上的 ⚌ （镜像）按钮。

（2）下拉菜单："修改"→"镜像"。

（3）功能区："常用"→"修改"→"镜像"。

2．命令说明

选择对象：（选择要镜像的对象）

选择对象：↙（也可以继续选择对象）

指定镜像线的第一点：（确定镜像线上的一点）

指定镜像线的第二点：（确定镜像线上的另一点）

是否删除源对象？[是（Y）/否（N）]＜N＞：（根据需要响应即可）

11.3.9　阵列对象

将选中的对象进行矩形或环形或路径多重复制。命令:ARRAY 　。

1. 调用方式

(1)单击"修改"工具栏上的 (阵列)按钮。

(2)下拉菜单:"修改"→"阵列"。

(3)功能区:"常用"→"修改"→"阵列"。

图 11-8　阵列
类型选项

2. 命令说明

启动命令后,选择阵列对象,出现阵列类型选项,如图 11-8 所示。在对话框中有矩形、路径和极轴三种方式,选择其中任意一种会出现相对应的参数选项,如图 11-9 所示。

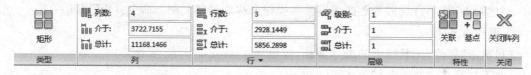

(a)

(b)

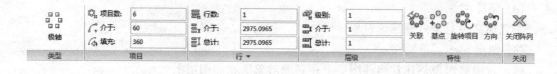

(c)

图 11-9　"矩形阵列"参数选项

11.3.10　拉伸对象

拉伸与移动(MOVE)命令的功能有类似之处,可移动图形,但拉伸通常用于使对象拉长或压缩。命令:STRETCH

1. 调用方式

(1)单击"修改"工具栏上的 (拉伸)按钮。

(2)下拉菜单:"修改"→"拉伸"。

(3)功能区:"常用"→"修改"→"拉伸"。

2. 命令说明

(1)指定基点

确定拉伸或移动的基点。

（2）位移（D）

根据位移量移动对象。

11.3.11　修剪对象

用作为剪切边的对象修剪指定的对象（称后者为被剪边），即将被修剪对象沿修剪边界（即剪切边）断开，并删除位于剪切边一侧或位于两条剪切边之间的部分。命令：TRIM。

1. 调用方式

（1）单击"修改"工具栏上的 ⼀（修剪）按钮。

（2）下拉菜单："修改"→"修剪"。

（3）功能区："常用"→"修改"→"修剪"。

2. 命令说明

（1）选择要修剪的对象，或按住 Shift 键选择要延伸的对象

在上面的提示下选择被修剪对象，AutoCAD 会以剪切边为边界，将被修剪对象上位于拾取点一侧的多余部分或将位于两条剪切边之间的部分剪切掉。如果被修剪对象没有与剪切边相交，在该提示下按下 Shift 键后选择对应的对象，AutoCAD 则会将其延伸到剪切边。

（2）栏选（F）

以栏选方式确定被修剪对象。栏选是指选择与选择栏相交的所有对象。栏选图形是指在选择图形时拖拽出任意折线，凡是与折线相交的图形对象均会被选中，然后进行修剪。两点确定一根栏选的线。

（3）窗交（C）

使与选择窗口边界相交的对象作为被修剪对象。具体操作：在屏幕上点一下，然后拖动鼠标，会形成一个矩形窗口（物体被这个窗口包围或碰到就会被选中），如果这是你需要的窗口，那就再点一下鼠标左健就会确定选中这些物体。

（4）投影（P）

确定执行修剪操作的空间。主要是当两条线不相交，但在视图或其他投影中相交的情况时，可以利用投影来进行修剪。

（5）边（E）

确定剪切边的隐含延伸模式。

（6）删除（R）

删除指定的对象。输入 R 选项提供了一种用来删除不需要的对象的简便方法，而无需退出 TRIM 命令。

选择要删除的对象或 <退出>：使用对象选择方法并按 ENTER 键返回到上一个提示。

（7）放弃（U）

取消上一次的操作。放弃：输入 U 可撤消由修剪或延伸命令所做的最近一次修改。

11.3.12　延伸对象

将指定的对象延伸到指定边界。命令：EXTEND

1. 调用方式

（1）单击"修改"工具栏上的 ⼀（延伸）按钮。

（2）下拉菜单："修改"→"延伸"。

（3）功能区："常用"→"修改"→"延伸"。

2. 命令说明

（1）选择要延伸的对象，或按住 Shift 键选择要修剪的对象

选择对象进行延伸或修剪，为默认项。用户在该提示下选择要延伸的对象，AutoCAD 把该对象延长到指定的边界对象。如果延伸对象与边界交叉，在该提示下按下 Shift 键，然后选择对应的对象，那么 AutoCAD 会修剪它，即将位于拾取点一侧的对象用边界对象将其修剪掉。

（2）栏选（F）

以栏选方式确定被延伸对象。

（3）窗交（C）

使与选择窗口边界相交的对象作为被延伸对象。

（4）投影（P）

确定执行延伸操作的空间。

（5）边（E）

确定延伸的模式。

（6）放弃（U）

取消上一次的操作。

11.3.13　创建倒角

在两条直线之间创建倒角。命令：CHAMFER。

1. 调用方式

（1）单击"修改"工具栏上的 ▱（倒角）按钮

（2）下拉菜单："修改"→"倒角"

（3）功能区："常用"→"修改"→"倒角"

2. 命令说明

（1）选择第一条直线

要求选择进行倒角的第一条线段，为默认项。在该提示下选择相邻的另一条线段即可。

（2）多段线（P）

对整条多段线倒角。

（3）距离（D）

设置倒角距离。

（4）角度（A）

根据倒角距离和角度设置倒角尺寸。

（5）修剪（T）

确定倒角后是否对相应的倒角边进行修剪。

（6）方式（E）

确定将以什么方式倒角，即根据已设置的两倒角距离倒角，还是根据距离和角度设置倒角。

（7）多个（M）

如果执行该选项，当用户选择了两条直线进行倒角后，可以继续对其他直线倒角，不必重新执行 CHAMFER 命令。

（8）放弃（U）

放弃已进行的设置或操作。

11.3.14　创建圆角

为对象创建圆角。命令：FILLET。

1. 调用方式

（1）单击"修改"工具栏上的 ▱（圆角）按钮。

（2）下拉菜单："修改"→"圆角"。

（3）功能区："常用"→"修改"→"圆角"。

2. 命令说明

（1）选择第一个对象

此提示要求选择创建圆角的第一个对象，为默认项。在此提示下选择另一个对象，Auto-CAD 按当前的圆角半径设置对它们创建圆角。如果按住 Shift 键选择相邻的另一对象，则可以使两对象准确相交。

（2）多段线（P）

对二维多段线创建圆角。

（3）半径（R）

设置圆角半径。

（4）修剪（T）

确定创建圆角操作的修剪模式。

（5）多个（M）

执行该选项且用户选择两个对象创建出圆角后，可以继续对其他对象创建圆角，不必重新执行 FILLET 命令。

·巩固提高·

绘制带圆角的矩形（尺寸自定）并复制多份。

11.4　块

·学习目标·

正确理解块的含义和作用。

能够定义块并将其按不同比例插入图中。

11.4.1　块及其定义

1. 块的基本概念

块是图形对象的集合，通常用于绘制复杂、重复的图形。一旦将一组对象组合成块，就可以根据绘图需要将其插入到图中的任意指定位置，而且还可以按不同的比例和旋转角度插入。

块具有以下特点：①提高绘图速度；②节省存储空间；③便于修改图形；④加入属性。

2. 定义块

将选定的对象定义成块。命令：BLOCK。

单击"绘图"工具栏上的 （创建块）按钮，或选择"绘图"|"块"|"创建"命令，即执行 BLOCK 命令，AutoCAD 弹出图 11-10 所示的"块定义"对话框。

对话框中，"名称"文本框用于确定块的名称。"基点"选项组用于确定块的插入基点位置。"对象"选项组用于确定组成块的对象。"设置"选项组用于进行相应设置。通过"块定义"对话框完成对应的设置后，单击"确定"按钮，即可完成块的创建。

图 11-10　块定义对话框

3. 定义外部块

将块以单独的文件保存。命令：WBLOCK。

执行 WBLOCK 该命令，AutoCAD 弹出图 11-11 所示的"写块"对话框。

图 11-11　写块对话框

对话框中，"源"选项组用于确定组成块的对象来源。"基点"、选项组用于确定块的插入基点位置；"对象"选项组用于确定组成块的对象。只有在"源"选项组中选中"对象"单选按钮后，这两个选项组才有效。"目标"选项组确定块的保存名称、保存位置。

用 WBLOCK 命令创建块后，该块以 .DWG 格式保存，即以 AutoCAD 图形文件格式保存。

11.4.2　插　入　块

为当前图形插入块或图形。命令：INSERT 。

单击"绘图"工具栏上的 （插入块）按钮，或选择"插入"|"块"命令，即执行 INSERT 命令，AutoCAD 弹出图 11-12 所示的"插入"话框。

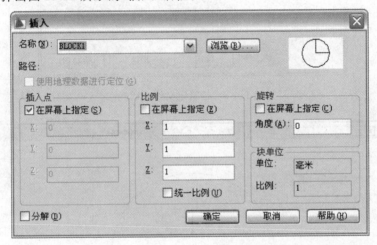

图 11-12　插入对话框

对话框中，"名称"下拉列表框确定要插入块或图形的名称。"插入点"选项组确定块在图形中的插入位置。"比例"选项组确定块的插入比例。"旋转"选项组确定块插入时的旋转角度。"块单位"文本框显示有关块单位的信息。

通过"插入"对话框设置了要插入的块以及插入参数后，单击"确定"按钮，即可将块插入到当前图形（如果选择了在屏幕上指定插入点、插入比例或旋转角度，插入块时还应根据提示指定插入点、插入比例等）。

11.4.3　编　辑　块

在块编辑器中打开块定义，以对其进行修改。命令：BEDIT 。

单击"标准"工具栏上的 （块编辑器）按钮，或选择"工具"|"块编辑器"命令，即执行 BE-DIT 命令，AutoCAD 弹出图 11-13 所示的"编辑块定义"对话框。

从对话框左侧的列表中选择要编辑的块，然后单击"确定"按钮，AutoCAD 进入块编辑模式，如图 11-14 所示（请注意，此时的绘图背景为黄颜色）。

此时显示出要编辑的块，用户可直接对其进行编辑。编辑块后，单击对应工具栏上的"关闭块编辑器"按钮，AutoCAD 显示图 11-15 所示的提示窗口，如果用"是"响应，则会关闭块编辑器，并确认对块定义的修改。一旦利用块编辑器修改了块，当前图形中插入的对应块均自动进行对应的修改。

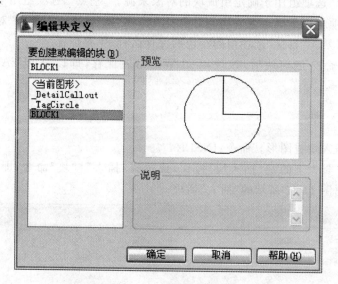

图 11-13　编辑定义块对话框

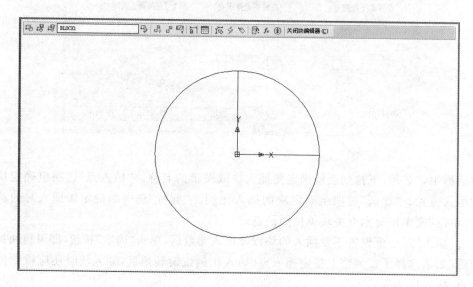

图 11-14　块编辑

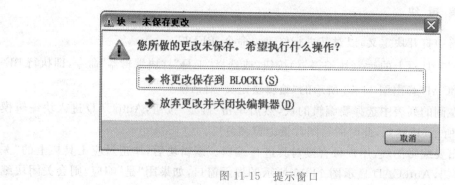

图 11-15　提示窗口

· 巩固提高 ·

将建筑制图中的标高符号定义成块。

11.5 尺 寸 标 注

· 学习目标 ·

能够定义符合制图标准的文字样式。

能够定义符合制图标准的尺寸标注样式。

能够用自定义的文本样式和尺寸标注样式在建筑图样中标注符合国家标准和建筑制图习惯的尺寸。

11.5.1 基本概念

AutoCAD 中,一个完整的尺寸一般由尺寸线、延伸线(即尺寸界线)、尺寸文字(即尺寸数字)和尺寸箭头 4 部分组成,如图 11-16 所示。请注意:这里的"箭头"是一个广义的概念,也可以用短划线、点或其他标记代替尺寸箭头。

AutoCAD 2013 将尺寸注释分为线性注释、基线注释、连续注释、对齐注释、半径注释、直径注释、弧长注释、折弯注释、角度注释、引线注释等多种类型,而线性注释又分水平注释、垂直注释和旋转注释。这里主要介绍线性注释、基线注释、连续注释。

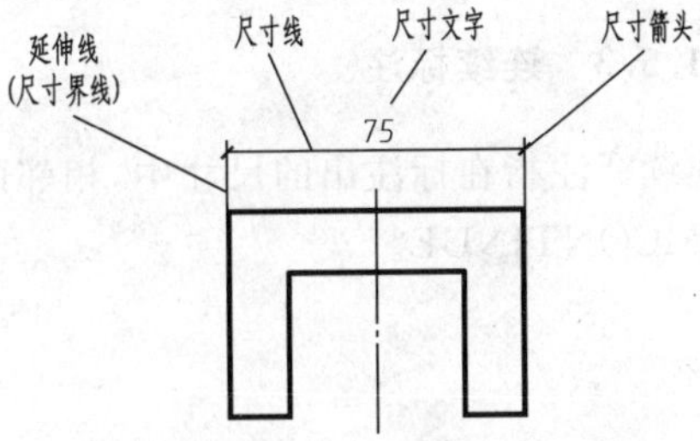

图 11-16 尺寸构成图

11.5.2 线性注释

线性注释指注释图形对象在水平方向、垂直方向或指定方向的尺寸,又分为水平注释、垂直注释和旋转注释三种类型。水平注释用于注释对象在水平方向的尺寸,即尺寸线沿水平方向放置;垂直注释用于注释对象在垂直方向的尺寸,即尺寸线沿垂直方向放置;旋转注释则注释对象沿指定方向的尺寸。命令:DIMLINEAR

单击"注释"工具栏上的 ⊟(线性)按钮,或选择"标注"|"线性"命令,即执行 DIMLINEAR 命令,AutoCAD 提示:

指定第一条尺寸界线原点或 <选择对象>:

在此提示下用户有两种选择,即确定一点作为第一条尺寸界线的起始点或直接按 Enter 键选择对象。

1. 指定第一条尺寸界线原点

如果在"指定第一条尺寸界线原点或 <选择对象>:"提示下指定第一条尺寸界线的起始点,AutoCAD 提示:

指定第二条尺寸界线原点:(确定另一条尺寸界线的起始点位置)

指定尺寸线位置或 [多行文字(M)/文字(T)/角度(A)/水平(H)/垂直(V)/旋转(R)]:

其中,"指定尺寸线位置"选项用于确定尺寸线的位置。通过拖动鼠标的方式确定尺寸线的位置后,单击拾取键,AutoCAD 根据自动测量出的两尺寸界线起始点间的对应距离值注释出尺寸。

"多行文字"选项用于根据文字编辑器输入尺寸文字。"文字"选项用于输入尺寸文字。"角度"选项用于确定尺寸文字的旋转角度 。"水平"选项用于注释水平尺寸,即沿水平方向的尺寸。"垂直"选项用于注释垂直尺寸,即沿垂直方向的尺寸。"旋转"选项用于旋转注释,即注释沿指定方向的尺寸。

2. 选择对象

如果在"指定第一条尺寸界线原点或＜选择对象＞:"提示下直接按 Enter 键,即执行"＜选择对象＞"选项,AutoCAD 提示:

选择注释对象:

此提示要求用户选择要注释尺寸的对象。用户选择后,AutoCAD 将该对象的两端点作为两条尺寸界线的起始点,并提示:

指定尺寸线位置或[多行文字(M)/文字(T)/角度(A)/水平(H)/垂直(V)/旋转(R)]:

对此提示的操作与前面介绍的操作相同,用户响应即可。

11.5.3 连续标注

连续标注指在标注出的尺寸中,相邻两尺寸线共用同一条尺寸界线,如图 11-17 所示。命令:DIMCONTINUE。

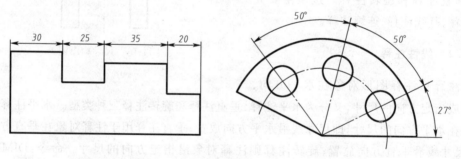

图 11-17　连续标注

(1)单击"注释"工具栏上的 [卌](连续)按钮,或选择"注释"|"连续"命令,即执行 DIM-CONTINUE 命令,AutoCAD 提示:

指定第二条尺寸界线原点或［放弃(U)/选择(S)]＜选择＞:

(2)指定第二条尺寸界线原点

确定下一个尺寸的第二条尺寸界线的起始点。用户响应后,AutoCAD 按连续注释方式注释出尺寸,即把上一个尺寸的第二条尺寸界线作为新尺寸注释的第一条尺寸界线注释尺寸,而后 AutoCAD 继续提示:

指定第二条尺寸界线原点或［放弃(U)/选择(S)]＜选择＞:

此时可再确定下一个尺寸的第二条尺寸界线的起点位置。当用此方式注释出全部尺寸后,在上述同样的提示下按 Enter 键或 Space 键,结束命令的执行。

（3）选择

该选项用于指定连续注释将从哪一个尺寸的尺寸界线引出。执行该选项，AutoCAD
提示：

选择连续注释：

在该提示下选择尺寸界线后，AutoCAD 会继续提示：

指定第二条尺寸界线原点或［放弃（U）/选择（S）］＜选择＞：

在该提示下注释出的下一个尺寸会以指定的尺寸界线作为其第一条尺寸界线。执行连续
尺寸注释时，有时需要先执行"选择（S）"选项来指定引出连续尺寸的尺寸界线。

11.5.4　基线注释

基线注释指各尺寸线从同一条尺寸界线处引出。命令：DIMBASELINE

（1）单击"注释"工具栏上的 ⊟（基线）按钮，或选择"注释"|"基线"命令，即执行 DIM-
BASELINE 命令，AutoCAD 提示：

指定第二条尺寸界线原点或［放弃（U）/选择（S）］＜选择＞：

（2）指定第二条尺寸界线原点

确定下一个尺寸的第二条尺寸界线的起始点。确定后 AutoCAD 按基线注释方式注释出
尺寸，而后继续提示：

指定第二条尺寸界线原点或［放弃（U）/选择（S）］＜选择＞：

此时可再确定下一个尺寸的第二条尺寸界线起点位置。用此方式注释出全部尺寸后，在
同样的提示下按 Enter 键或 Space 键，结束命令的执行。

（3）选择（S）

该选项用于指定基线注释时作为基线的尺寸界线。执行该选项，AutoCAD 提示：

选择基准注释：

在该提示下选择尺寸界线后，AutoCAD 继续提示：

指定第二条尺寸界线原点或［放弃（U）/选择（S）］＜选择＞：

在该提示下注释出的各尺寸均从指定的基线引出。执行基线尺寸标注时，有时需要先执
行"选择（S）"选项来指定引出基线尺寸的尺寸界线。

11.5.5　文字输入

（1）用 DTEXT 命令标注文字。命令：DTEXT。

单击"注释"工具栏上的 A（单行文字）按钮，或选择"注释"|"文字"|"单行文字"命令，即
执行 DTEXT 命令，AutoCAD 提示：

当前文字样式：　文字 35　当前文字高度：　2.5000

指定文字的起点或［对正（J）/样式（S）］：

第一行提示信息说明当前文字样式以及字高度。第二行中，"指定文字的起点"选项用于
确定文字行的起点位置。用户响应后，AutoCAD 提示：

指定高度：（输入文字的高度值）

指定文字的旋转角度 ＜0＞：（输入文字行的旋转角度）

而后，AutoCAD 在绘图屏幕上显示出一个表示文字位置的方框，用户在其中输入要标注

的文字后,按两次 Enter 键,即可完成文字的标注。

(2)利用在位文字编辑器标注文字 。命令:MTEXT。

单击"注释"工具栏上的 **A**(多行文字)按钮,或选择"注释"|"文字"|"多行文字"命令,即执行 MTEXT 命令,AutoCAD 提示:

指定第一角点:

在此提示下指定一点作为第一角点后,AutoCAD 继续提示:

指定对角点或［高度(H)/对正(J)/行距(L)/旋转(R)/样式(S)/宽度(W)］:

如果响应默认项,即指定另一角点的位置,AutoCAD 弹出图 11-18 所示的在位文字编辑器。

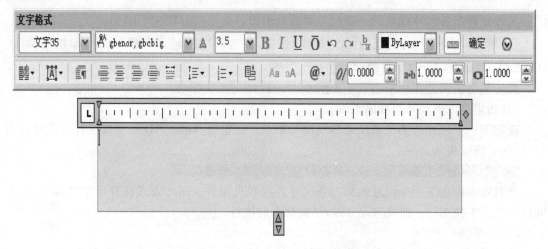

图 11-18　文字编辑器

在位文字编辑器由"文字格式"工具栏和水平标尺等组成,工具栏上有一些下拉列表框、按钮等。用户可通过该编辑器输入要标注的文字,并进行相关标注设置。

(3)编辑文字。命令:DDEDIT。

单击"文字"工具栏上的(编辑文字)按钮,或选择"修改"|"对象"|"文字"|"编辑"命令,即执行 DDEDIT 命令,AutoCAD 提示:

选择注释对象或［放弃(U)］:

此时应选择需要编辑的文字。标注文字时使用的标注方法不同,选择文字后 AutoCAD 给出的响应也不相同。如果所选择的文字是用 DTEXT 命令标注的,选择文字对象后,Auto-CAD 会在该文字四周显示出一个方框,此时用户可直接修改对应的文字。

如果在"选择注释对象或［放弃(U)］:"提示下选择的文字是用 MTEXT 命令标注的,AutoCAD 则会弹出在位文字编辑器,并在该对话框中显示出所选择的文字,供用户编辑、修改。

11.5.6　文字样式

AutoCAD2013 文字样式用于确定标注文字时所采用的字体、大小以及其他文字特征。在一幅 AutoCAD2013 图形中可以定义多个文字样式,但用户只能用当前文字样式标注文字。

命令操作:在命令行中输入【STYLE】命令;或在菜单栏选择工具,再选择文字样式;也可在 AutoCAD2013 工具栏中单击"注释",在弹出的下拉列表中单击"![A]""文字样式"按钮,AutoCAD2013 即可打开"文字样式"对话框。

1."样式"列表框

列表框中列有当前已定义的文字样式,用户可以从中选择对应的样式作为当前样式,也可进行样式修改。AutoCAD2013 中提供了"Standard"和"Annotative"两个文字样式,其中文字样式"Annotative"是注释性文字样式(样式名前有图标▲),"Standard"是 AutoCAD2013 提供的默认标注样式。

2.样式列表过滤器

位于"样式"列表框下方的下拉列表框是样式列表过滤器,用于确定将在"样式"列表框中显示哪些文字样式。列表中有"所有样式"和"正在使用的样式"两种选择。

3.预览框

AutoCAD2013 预览框会动态显示出与所设置或选择的文字样式对应的文字标注预览图像。

4."字体"选项组

确定文字样式采用的字体。如果选中了"使用大字体"复选框,可以分别确定 SHX 字体和大字体。SHX 字体是通过形文件定义的字体(形文件是 AutoCAD2013 用于定义字体或符号库的文件,其源文件的扩展名是.SHP。扩展名为.SHX 的形文件是编译后的文件)。大字体用来指定亚洲语言(包括简、繁体汉语、日语、韩语等)使用的大字体文件。

5."大小"选项组

指定文字的高度时,可以直接在"高度"文本框中输入高度值。如果将文字高度设为 0,那么当用 DTEXT 命令时,AutoCAD2013 会提示"指定高度:",即要求用户设定文字的高度。如果在"高度"文本框中输入了具体的高度值,AutoCAD2013 将按此高度标注文字,用 DTEXT 命令标注文字时不再提示"指定高度:"。"大小"选项组中的"注释性"复选框用于确定所定义的文字样式是否为注释性文字样式。

6."效果"选项组

该选项组用于确定文字样式的某些特征。

(1)"颠倒"复选框。

确定是否将文字颠倒标注。

(2)"反向"复选框。

确定是否将文字反向标注。

(3)"垂直"复选框。

确定是否将文字垂直标注。

(4)"宽度因子"文本框。

确定文字字符的宽度比例因子,即宽高比。当宽度比例因子为 1 时表示按系统定义的宽高比标注文字;当宽度比例因子小于 1 时字会变窄,反之变宽。

(5)"倾斜角度"文本框。

确定文字的倾斜角度。角度为 0 时字不倾斜;角度为正值时字向右倾斜;为负值时字向左倾斜。

7. "置为当前"按钮

将在"样式"列表框中选中的样式置为当前按钮。

注：当需要以已有的某一文字样式标注文字时，应首先将该样式设为当前样式。利用 Au-toCAD2013"样式"工具栏中的"文字样式控制"下拉列表框，可以方便的将某一文字样式设为当前样式。

8. "新建"按钮

创建新文字样式。创建方法为：单击"新建"按钮，AutoCAD2013 弹出"新建文字样式"对话框。在对话框中的"样式名"文本框中输入新文字样式的名字，单击"确定"按钮，即可在原文字样式的基础上创建一个新文字样式。当然，此新样式的设置（字体等）仍然与前一样式相同，如需建立新的文字样式，还需要进行某些设置。

9. "删除"按钮

删除某一文字样式。删除方法为：从 AutoCAD2013"样式"下拉列表中选中要删除的文字样式，单击"删除"按钮。

·巩固提高·

抄画本书图 7-8。

11.6　图形的输出与打印

·学习目标·

能够打印出标准的 A4 图纸。

11.6.1　选择打印设备

执行【文件】→【打印】菜单命令即可打开【打印—模型】对话框，如图 11-19 所示。

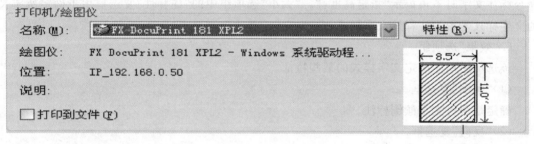

图 11-19　选择打印设备

11.6.2　指定打印样式

打印样式用于修改图形的外观，选择某个打印样式后，图形中的每个对象或图层都具有该打印样式的属性，修改打印样式可以改变对象输出的颜色、线型或线宽等特性，如图 11-20 所示。

11.6.3　选择图纸纸型

在【打印—模型】对话框的【图纸尺寸】栏的下拉列表中可选择图纸纸型。如果未选择绘图仪,将显示全部标准图纸尺寸的列表以供选择,如图 11-21 所示。

图 11-20 指定打印样式

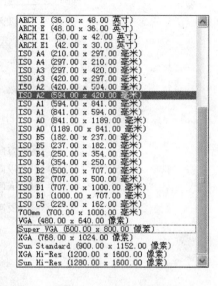

图 11-21 选择图纸纸型

如果所选绘图仪不支持布局中选择的图纸尺寸,将显示警告,这时用户可以选择绘图仪的默认图纸尺寸或自定义图纸尺寸。

11.6.4 设定打印区域

在【打印-模型】对话框的【打印区域】栏的【打印范围】下拉列表框中包括【窗口】、【范围】、【图形界限】和【显示】4 个选项,如图 11-22 所示。用户可根据情况选择不同的打印区域。

图 11-22 设定打印区域

11.6.5 设定打印比例

在【打印-模型】对话框的【打印比例】栏中可设置图形输出时的打印比例,如图 11-23 所示。

11.6.6 调整图形打印方向

在【打印-模型】对话框的【图形方向】栏中可指定图形输出的方向,如纵向、横向或反向打印等,如图 11-24 所示。

图 11-23　设定打印比例

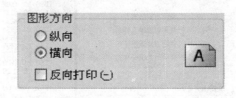

图 11-24　设定打印比例

11.6.7　打印选项

在【打印－模型】对话框的【打印选项】栏中可指定打印线宽、打印样式、着色打印和对象的打印次序等选项，如图 11-25 所示。

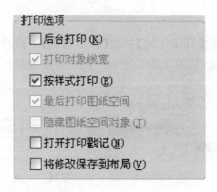

图 11-25　打印选项

11.6.8　预览打印效果

打印设置完毕后，可先预览打印设置下的图形是否满足打印要求，如果不符合要求，可返回【打印－模型】对话框进行修改。

预览图形打印效果的方法是单击【打印－模型】对话框底部的【预览】按钮，即可返回工作界面预览图形输出后的效果，如图 11-26 所示。

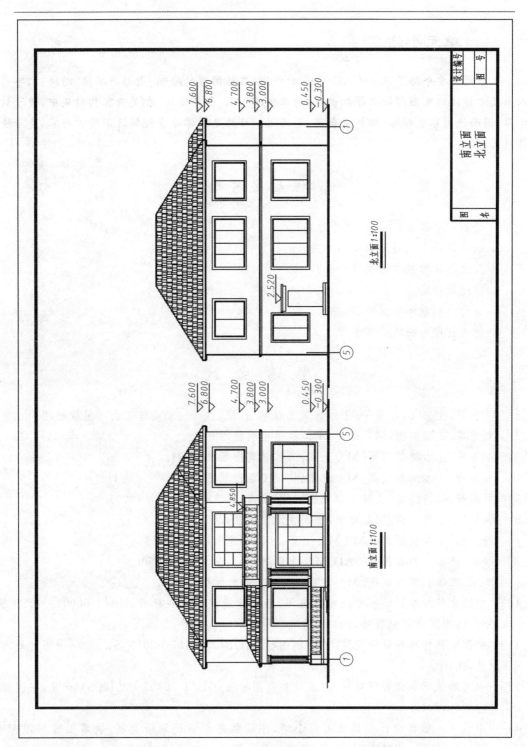

图 11-26　预览打印效果

· 巩固提高 ·

绘制并打印图 11-26。

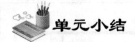单元小结

　　本单元主要介绍了 AutoCAD 2013 的概述、二维图形的绘制、图形的编辑、图块、文字的输入与尺寸标注以及图形输出等知识点,力求由浅入深、循序渐进、相关内容相对集中,便于对照学习,因而使内容更精练、编排更合理、更实用。目的是让学习者能够运用所学内容,灵活绘制各种图形。

课后思考题

1. 绘制一个等边三角形(尺寸自定)。
2. 选择屏幕上的对象有哪些方法?
3. 尺寸标注的基本组成是什么?
4. 简述块的定义。
5. 自行绘制教学楼立面图,并标注。
6. 简述打印出图的基本步骤。

参 考 文 献

[1]　罗康贤,左宗义,冯开平.土木建筑工程制图[M].广州:华南理工大学出版社,2003.

[2]　刘秀芩.工程制图[M].北京:中国铁道出版社,2004.

[3]　陆淑华.土木建筑制图[M].北京:高等教育出版社,2001.

[4]　杜廷娜.土木工程制图[M].北京:机械工业出版社,2004.

[5]　司徒妙年,李怀健.土建工程制图[M].上海:同济大学出版社,2006.

[6]　张世军.工程识图[M].北京:中国铁道出版社,2007.

[7]　杨桂林.工程制图及 CAD[M].北京:中国铁道出版社,2007.

[8]　唐新.道路工程制图及 CAD[M].北京:化学工业出版社,2009.

[9]　牟明.工程制图与识图[M].北京:人民交通出版社 ,2008.

[10]　中国建筑标准设计研究院有限公司.房屋建筑制图统一标准:GB/T 50001—2017[S].北京:中国计划出版社,2017.

[11]　中国建筑标准设计研究院.总图制图标准:GB/T 50103—2010[S].北京:中国计划出版社,2010.

[12]　中国建筑标准设计研究院.建筑结构制图标准:GB/T 50105—2010[S].北京:中国计划出版社,2010.

[13]　中铁第一勘察设计院集团有限公司,中国铁路经济规划研究院.铁路工程制图标准:TB/T 10058—2015[S].北京:中国铁道出版社,2015.

[14]　中铁第一勘察设计院集团有限公司.铁路工程制图图形符号标准:TB/T 10059—2015[S].北京:中国铁道出版社,2015.